Heidi Sierich

NK-Zellen: Kontrolle durch KIR-Genotyp und HLA-Polymorphismus

Heidi Sierich

NK-Zellen: Kontrolle durch KIR-Genotyp und HLA-Polymorphismus

Zytotoxizität, Lizenzierung und Leukämie

Südwestdeutscher Verlag für Hochschulschriften

Impressum/Imprint (nur für Deutschland/only for Germany)
Bibliografische Information der Deutschen Nationalbibliothek: Die Deutsche Nationalbibliothek verzeichnet diese Publikation in der Deutschen Nationalbibliografie; detaillierte bibliografische Daten sind im Internet über http://dnb.d-nb.de abrufbar.
Alle in diesem Buch genannten Marken und Produktnamen unterliegen warenzeichen-, marken- oder patentrechtlichem Schutz bzw. sind Warenzeichen oder eingetragene Warenzeichen der jeweiligen Inhaber. Die Wiedergabe von Marken, Produktnamen, Gebrauchsnamen, Handelsnamen, Warenbezeichnungen u.s.w. in diesem Werk berechtigt auch ohne besondere Kennzeichnung nicht zu der Annahme, dass solche Namen im Sinne der Warenzeichen- und Markenschutzgesetzgebung als frei zu betrachten wären und daher von jedermann benutzt werden dürften.

Coverbild: www.ingimage.com

Verlag: Südwestdeutscher Verlag für Hochschulschriften GmbH & Co. KG
Heinrich-Böcking-Str. 6-8, 66121 Saarbrücken, Deutschland
Telefon +49 681 37 20 271-1, Telefax +49 681 37 20 271-0
Email: info@svh-verlag.de

Zugl.: Hamburg, Universität, Diss., 2011

Herstellung in Deutschland (siehe letzte Seite)
ISBN: 978-3-8381-3301-0

Imprint (only for USA, GB)
Bibliographic information published by the Deutsche Nationalbibliothek: The Deutsche Nationalbibliothek lists this publication in the Deutsche Nationalbibliografie; detailed bibliographic data are available in the Internet at http://dnb.d-nb.de.
Any brand names and product names mentioned in this book are subject to trademark, brand or patent protection and are trademarks or registered trademarks of their respective holders. The use of brand names, product names, common names, trade names, product descriptions etc. even without a particular marking in this works is in no way to be construed to mean that such names may be regarded as unrestricted in respect of trademark and brand protection legislation and could thus be used by anyone.

Cover image: www.ingimage.com

Publisher: Südwestdeutscher Verlag für Hochschulschriften GmbH & Co. KG
Heinrich-Böcking-Str. 6-8, 66121 Saarbrücken, Germany
Phone +49 681 37 20 271-1, Fax +49 681 37 20 271-0
Email: info@svh-verlag.de

Printed in the U.S.A.
Printed in the U.K. by (see last page)
ISBN: 978-3-8381-3301-0

Copyright © 2012 by the author and Südwestdeutscher Verlag für Hochschulschriften GmbH & Co. KG and licensors
All rights reserved. Saarbrücken 2012

Inhaltsverzeichnis

Abkürzungsverzeichnis 4
Zusammenfassung 7
1 Einleitung 9
  1.1 NK-Zell Reifungsstadien, Subpopulationen und ihre Funktion 10
    1.1.1 Die Differenzierungsmarker CD6 und CD57 11
  1.2 Zytotoxizitätsmechanismen 12
  1.3 „Selbst"-Toleranz von NK-Zellen 12
  1.4 NK-Zell-Rezeptoren 14
    1.4.1 Rezeptoren der Ig-Superfamilie 15
      1.4.1.1 Killerzell Immunglobulin-ähnliche Rezeptoren (KIR) 15
      1.4.1.2 Natürliche Zytotoxizitäts-Rezeptoren (NCRs) 17
    1.4.2 Rezeptoren der C-Typ-Lektin-Familie 18
  1.5 Lizenzierung von NK-Zellen 19
  1.6 Therapeutische Bedeutung von NK-Zellen in der Transplantation 21
    1.6.1 Hämatopoetische Stammzelltransplantation 21
    1.6.2 Konzepte von NK-Zell-Alloreaktivität 22
      1.6.2.1 KIR-Liganden-Mismatch 23
      1.6.2.2 KIR-Genotyp-Modell 24

2 Arbeitshypothese 25

3 Material 26
  3.1 Plastik- und Verbrauchsmaterial 26
  3.2 Technische Geräte 26
  3.3 Chemikalien und Medien 27
  3.4 Kits 28
  3.5 Monoklonale Antikörper 28
  3.6 Enzyme 29
  3.7 DNA-Größenmarker 29
  3.8 Zelllinien 29
  3.9 Puffer und Medien 30

4 Methoden 31
  4.1 Zellbiologische Methoden 31
    4.1.1 Eukaryontische Zellkultur 31
      4.1.1.1 Kultivierung der Suspensionszelllinien 31
    4.1.2 Zellzahlbestimmung 31
    4.1.3 Isolation von mononukleären Zellen des peripheren Blutes (PBMCs) 32
    4.1.4 Kultivierung von PBMCs 32
    4.1.5 Kryokonservierung von eukaryontischen Zellen 33
      4.1.5.1 Einfrieren von Zellen 33

4.1.5.2 Auftauen von Zellen 33
4.1.6 Isolation von Natürlichen Killer (NK)-Zellen aus PBMCs 34
4.1.7 Durchflusszytometrische Messungen 34
4.1.8 Chromium-Freisetzungstest (CRA) 35
4.2 Molekularbiologische Methoden 37
4.2.1 DNA-Extraktion 37
4.2.2 Polymerase-Kettenreaktion (PCR) 37
4.2.3 KIR-Typisierung „SSO" - Luminexanalyse 37
4.2.4 KIR-Typisierung „SSP" 39
4.2.5 Gelelektrophorese 39
4.2.6 HLA-Typisierung 39
4.3 Statistik 40

5 Ergebnisse 41

5.1 Etablierung standardisierter Versuchsbedingungen zur Untersuchung physiologischer NK-Zellaktivität gegen K-562 Zellen 41
  5.1.1 Beeinflussung der NK-Zellaktivität durch Kryokonservierung 41
    5.1.1.1 Optimierung des Kryokonservierungsprotokolls 41
    5.1.1.2 Vergleichbarkeit der NK-Zellaktivität frischer und kryokonservierter Zellen 43
    5.1.1.3 Versuch der Inkubation von aufgetauten Zellen zur Rekonstitution der NK-Zellaktivität 44
  5.1.2 Entwicklung eines Analyseverfahrens für CRA-Daten – Standardisierung und Normalisierung 45
  5.1.3 Verifizierung der NK-Zellspezifität des Versuchs- und Analyseverfahrens 47
    5.1.3.1 Vergleich des zytotoxischen Potentials von PBMCs und isolierten NK-Zellen 47
    5.1.3.2 Korrelation der prozentualen Lyse mit PBMC-Subpopulationen 49
  5.1.4 Zusammenfassung 50
5.2 Untersuchung des Einflusses von KIR und HLA Klasse I auf die zytotoxische Aktivität von NK-Zellen 51
  5.2.1 Einfluss des KIR-Genotyps auf die Zytotoxizität von NK-Zellen bei HLA-identischen Spendern 54
  5.2.2 Einfluss des KIR-Genotyps auf die Zytotoxizität von NK-Zellen bei HLA-differenten Spendern 55
  5.2.3 Zytotoxizität von NK-Zellen mit verschiedenem HLA-Liganden-Hintergrund 56
    5.2.3.1 Einfluss der HLA-Liganden-Ausstattung auf die Zytotoxizität von NK-Zellen 56
    5.2.3.2 Einfluss von allelischer HLA-A und -B-Differenz auf die zytotoxische Aktivität von NK-Zellen 57
  5.2.4 Einfluss der KIR-Expression auf die Zytotoxizität der gesamt-NK-Zellpopulation 58
  5.2.5 Zusammenfassung 60
5.3 Untersuchung der Expressionsmuster von Oberflächenmarkern zur Identifizierung von Zellpopulationen mit NK-Zell-regulatorischem Potential 61
  5.3.1 Nicht-HLA-spezifische NK-Zell-Rezeptoren 61
  5.3.2 Untersuchung von Aktivierungs-, Differenzierungs- und Zytotoxizitätsmarkern auf NK- und nicht-NK-Zellpopulationen 63
    5.3.2.1 Expression des Aktivierungsmarkers CD69 63
    5.3.2.2 Expression des Differenzierungsmarkers CD57 65

5.3.2.3 Expression von CD6 67
5.3.3 Zusammenfassung 70

6 Diskussion 71
6.1 Kryokonservierung 71
6.2 Standardisierung des Chromium-Freisetzungstest 73
6.3 Das zytotoxische Potential von NK-Zellen wird durch die Kombination von KIR-Genotyp und allelischer HLA-Klasse-I-Varianz kontrolliert........................... 74
6.4 Bedeutung der gewonnenen Erkenntnisse über KIR- und HLA-Effekte für HSC-Transplantationen 77
6.5 Das zytotoxische Potential von NK-Zellen ist unabhängig von der Expressionsdichte von Zytotoxizitätsrezeptoren 78
6.6 Definition einer kleinen regulatorischen NK-Zellpopulation mit potentiell reprimierendem Effekt auf die zytotoxische NK-Zellaktivität 79

7 Danksagungen 82

8 Literaturverzeichnis 83

9 Anhang 89

Abkürzungsverzeichnis

°C	Grad Celsius
^{51}Cr	Chromium-51
Abb	Abbildung
AF	AlexaFluor
aKIR	aktivierender KIR
ALL	akute lymphatische Leukämie
AML	akute myeloische Leukämie
APC	Allophycocyanin
ATG	anti-Thymozyten Globulin
BAT-3	HLA-B-assoziiertes Transkript
bp	Basenpaar
BrViolet	Brilliant Violet
BSA	bovines Serum-Albumin
Bsp.	Beispiel
bzw.	beziehungsweise
ca.	Circa
CD	*cluster of differentiation*
Cl	*Chlor(id)*
cm	Zentimeter
CMV	Cytomegalievirus
CO_2	Kohlendioxid
cpm	*counts per minute*
Cy	Cyanin
d.h.	das heißt
DMSO	Dimethylsulfoxid
DNA	Desoxyribonukleinsäure
DPBS	Dulbecco's Phosphate Buffered Saline
E:T-Verhältnis	Effektor-zu-Target-Verhältnis
EDTA	Ethylendiamintetraessigsäure
ELISA	*enzyme-lined immunosorbent assay*
EM	Einfriermedium
etc.	et cetera
EtOH	Ethanol
FACS	Fluorescence Activated Cell Sorter; BD-Trademark
FBS	fötales bovines Serum
FITC	Fluorescein Isothiocyanat
FSC	*forward scatter*
g	Gramm
G-CSF	*granulocyte colony stimulating factor*
ggf.	gegebenenfalls
GM-CSF	*granulocyte macrophage colony stimulating factor*
GvH	*Graft-versus-Host*
GvL	*Graft-versus-Leukemia*
h	Stunde
H_2O	Wasser
HA	Hämagglutinin
HLA	humanes Leukozyten-Antigen
HSC	*haematopoietic stemcells*
IFN	Interferon
Ig	Immunglobulin
iKIR	inhibitorischer KIR
IL	Interleukin

k.A.	keine Angabe
KIR	Killerzell-Immunglobulin-ähnlicher Rezeptor
KLRG1	Killerzell Lektin-ähnlicher Rezeptor G1
L	Liter
LILR	Leukozyten Ig-ähnlicher Rezeptor
LRC	*leukocyte receptor complex*
MACS	*magnetic activated cell sorting*
max.	maximal
mg	Milligramm
Mg	Magnesium
MHC	*major histocompatibility complex*
mind.	mindestens
ml	Milliliter
mm	Millimeter
mM	Millimolar
mMol	Millimol
mV	Millivolt
n.s.	nicht signifikant
Na	Natrium
NCR	*natural cytotoxicity receptor*
NKC	*natural killer gene complex*
NK-Zelle	Natürliche Killer-Zelle
nm	Nanometer
norm.	normalisiert
PacB	PacificBlue
PBMC	*periphere blood mononuclear cells*
PBS	*phosphate buffered saline* (gebräuchlich statt DPBS)
PCR	*polymerase chain reaction*
PE	Phycoerythrin
pH	potentia hydrogenii
PVR	Polio-Virus Rezeptor
rpm	*rotations per minute*
RPMI	Roswell Park Memorial Institute
RT	Raumtemperatur
SAPE	Streptavidin-R-Phycoerythrin
SSC	*side scatter*
SSO	*single stranded oligonucleotide probes*
SSP	sequenzspezifische Primer
Tab	Tabelle
TAE	Tris-Acetat-EDTA-Puffer
Taq-Polymerase	Thermus aquaticus DNA-Polymerase
TNF	Tumor Nektose Faktor
u.a.	unter anderem; und andere
ü.N.	über Nacht
UV	ultraviolett
vgl.	vergleiche
VM	Vollmedium
x g	mal Erdbeschleunigung (= 9,81 m/s^2)
z.B.	zum Beispiel
µC1	Mikrocurie
µg	Mikrogramm
µl	Mikroliter

Zusammenfassung

Natürliche Killer (NK)-Zellen sind zytotoxische Zellen des angeborenen Immunsystems, die eine essentielle Rolle bei der Beseitigung infizierter und entarteter Zellen spielen. Die Aktivität der NK-Zellen wird durch ein dynamisches Gleichgewicht von Signalen einer Vielzahl aktivierender und inhibitorischer Rezeptoren kontrolliert, die spezifisch für körpereigene Moleküle sind. Viele inhibitorische Rezeptoren erkennen Moleküle des hochpolymorphen HLA (humanes Leukozytenantigen)-Klasse-I-Komplexes, die auf allen kernhaltigen Körperzellen exprimiert werden, in infizierten oder entarteten Zellen jedoch herabreguliert oder verändert sind. Die Wechselwirkung mit diesen Molekülen verleiht heranreifenden NK-Zellen in einem Prozess der als „Lizenzierung" bezeichnet wird nicht nur die Toleranz gegenüber gesunden Körperzellen sondern auch ihre generelle funktionale Kompetenz. Die Zusammensetzung und Stärke der integrierten Signale bestimmen dabei die Größe des entwickelten zytotoxischen Potentials. Eine entscheidende Rolle spielen in diesem Prozess die Wechselwirkung von Rezeptoren aus der Familie der Killerzell-Immunglobulinähnlichen Rezeptoren (KIR) mit ihren HLA-C1, -C2 und Bw4-Liganden. Die 14 aktivierenden und inhibitorischen KIRs werden in Haplotypmustern (A und B1-10) vererbt, die nach der Zahl der codierten aktivierenden KIRs unterschieden werden. Auch bei der hämatopoetischen Stammzelltransplantation von Leukämiepatienten spielen NK-Zellen durch die Beseitigung von Leukämiezellen eine wichtige Rolle (*Graft-versus-Leukaemia*, GvL). Eine Reihe klinischer Studien deuten darauf hin, dass der KIR-Genotyp mit der Effektivität der GvL-Reaktion korreliert. Ihre Ergebnisse waren jedoch bedingt durch unterschiedliche Transplantationsprotokolle vielfach widersprüchlich.

Im Rahmen dieser Arbeit wurde ein standardisierter Versuchsaufbau entwickelt, mit dem es möglich war, *in vitro* den Einfluss von KIR-Genotyp und HLA-Klasse-I-Hintergrund auf das zytotoxische Potential von NK-Zellen gesunder Spender zu untersuchen. Dadurch konnte gezeigt werden, dass das zwischen den Individuen stark variierende zytotoxische Potential von NK-Zellen entscheidend durch die Kombination von KIR-Genotyp und HLA-Klasse-I-Hintergrund verursacht wird. Der in klinischen Studien beobachtete KIR-Genotyp-Effekt konnte insofern bestätigt werden, als dass bei HLA-identischen Spendern mit homozygotem HLA-C1-Liganden das größte zytotoxische Potential mit dem KIR-Genotyp AA assoziiert war. Die Beobachtung einer vollständigen Überlagerung des KIR-Effekts bei HLA-Differenz der Spender führte zu der These, dass die Affinität der KIR-HLA-Bindung abhängig ist von der allelischen Varianz der HLA-Klasse-I-Moleküle - eine Variable, die bisher im NK-Zell-Lizenzierungsprozess keine Beachtung gefunden hat. Eine trotz KIR- und HLA-Identität beobachtete Varianz der individuellen zytotoxischen NK-Zellaktivität konnte weder durch die differentielle Expression regulatorischer Rezeptoren erklärt werden noch durch den Aktivierungsstatus der NK-Zellen, führte aber zu der Entdeckung einer bisher nicht bekannten NK-Zell-Subpopulation, die einen negativ-regulatorischen Effekt auf die zytotoxische Aktivität zu haben scheint.

1 Einleitung

Das menschliche Immunsystem ist ein komplexes Gefüge aus unspezifischen bis hoch spezialisierten Abwehrmechanismen zu denen neben chemischen und physischen Barrieren sowie molekularen Komponenten die Zellen des angeborenen und des adaptiven Immunsystems gehören.

Das angeborene Immunsystem umfasst Leukozyten der myeloischen Linie - Monozyten, Makrophagen, Granulophile und Dendritische Zellen. Dieser Teil der Immunabwehr ist gekennzeichnet durch eine unmittelbar bei Erstkontakt wirksame, aber auch relativ unspezifische und daher lückenhafte Abwehr von Erregern und Parasiten. Sobald diese Barrieren durchbrochen werden und Erreger in Blut und Gewebe vordringen, werden die Mechanismen des adaptiven Immunsystems aktiviert. Zu ihnen gehören die T- und B-Lymphozyten. Durch die klonale Rekombination ihrer Antigenrezeptoren sind diese Zellen hoch spezialisiert und effektiv in der Abwehr von Erregern.

Ein phylogenetisch viel älterer Lymphozytentyp sind die Natürlichen Killer (NK)-Zellen, die eine essentielle Rolle bei der Eliminierung entarteter und infizierter Zellen spielen. Erstmals wurden sie aufgrund ihrer Fähigkeit entdeckt, bestimmte Tumorzellen *in vitro* zu töten (Kiessling, Klein et al. 1975). Später erkannte man eine gesteigerte Tumorgenese bei NK-Zell-defizienten Mäusen (Smyth, Godfrey et al. 2001). Die wenigen bekannten Fälle vollständiger NK-Zelldefizienz beim Menschen, die sämtlich zu schwerwiegenden Infektionen in der Kindheit führen (Orange 2006), bestätigen die elementare Bedeutung von NK-Zellen bei der Immunüberwachung des menschlichen Organismus.

NK-Zellen vereinen in sich sowohl Eigenschaften der angeborenen wie auch der adaptiven Immunität und werden daher oft als eine Art „Brücke" zwischen den beiden Systemen bezeichnet. Man unterscheidet traditionell zwischen regulatorischen und zytotoxischen NK-Zellen, wobei auch letztere immunregulatorische Funktionen übernehmen können. Jüngere Untersuchungen lassen vermuten, dass NK-Zellen langlebige Gedächtniszellen ausbilden können, eine Eigenschaft die dem adaptiven Immunsystem zugeschrieben wird (zusammengefasst in (Sun, Beilke et al. 2010).

1.1 NK-Zell Reifungsstadien, Subpopulationen und ihre Funktion

Das klassische phänotypische Merkmal reifer NK-Zellen ist die Expression des neuralen Zelladhäsionsmoleküls (NCAM) CD56 bei gleichzeitiger Abwesenheit von CD3 (CD3⁻ CD56⁺). Während NK-Zellen unbestritten zum blutbildenden System gehören und aus CD34⁺ hämatopoetischen Stammzellen (HSCs) hervorgehen (Miller, Alley et al. 1994; Galy, Travis et al. 1995), ist man sich über den Ort des Reifungsprozesses noch nicht einig. Obwohl er in erster Linie im Knochenmark stattzufinden scheint, konnten verschiedene Differenzierungsstadien der NK-Zellen auch aus Thymus, Milz, Leber und den Lymphknoten isoliert werden (Kumar, Ben-Ezra et al. 1979; Colucci, Caligiuri et al. 2003; Yokoyama, Kim et al. 2004; Di Santo 2006; Sun, Beilke et al. 2010).

Eine klare Definition der NK-Zellreifungsstadien ist in Ermangelung eindeutiger Marker schwierig. Relativ grob kann der NK-Zellvorläufer (*NK-cell precursor*, NKP) durch die Expression von CD34 und CD45RA⁺ bestimmt werden, aus dem sich im späteren Verlauf die unreife NK-Zelle entwickelt. Diese ist charakterisiert durch Verlust des CD34-Markers und Expression von CD117 und CD161 (zusammengefasst in (Huntington, Vosshenrich et al. 2007; Caligiuri 2008). Aus diesem Stadium entwickeln sich die reifen NK-Zellen des peripheren Blutes, die nach klassischer Definition in zwei Subtypen unterteilt werden. Die zytotoxischen CD16⁺CD56^{dim} NK-Zellen machen etwa 90% der peripheren NK-Zellen aus, die restlichen 10% sind durch einen CD16⁻CD56^{bright} Phänotyp gekennzeichnet (Lanier, Le et al. 1986).

Die als regulatorisch bezeichneten CD56^{bright} NK-Zellen produzieren eine größere Bandbreite und Menge immunregulatorischer Zytokine als CD56^{dim} NK-Zellen. Dazu gehören Interferon (IFN)-γ, Tumornekrosefaktor (TNF)-α, GM-CSF sowie Interleukin (IL)-10 und IL-13, die das Priming von T-Zellen, die Aktivierung und Reifung Dendritischer Zellen und die Phagozytose durch Monozyten induzieren sowie direkte antivirale und antiproliferative Effekte auf transformierte Zellen haben (Cooper, Fehniger et al. 2001; Gerosa, Baldani-Guerra et al. 2002; Martin-Fontecha, Thomsen et al. 2004; Iversen, Norris et al. 2005; Morandi, Bougras et al. 2006; Strowig, Brilot et al. 2008).

Im Gegensatz dazu sind die zytotoxischen CD56^{dim} NK-Zellen mit intrazellulären Granula ausgestattet, die große Mengen an Granzym und Perforin enthalten und mit deren Hilfe diese NK-Zellen ohne vorherigen Antigenkontakt ihre „natürliche" (unmittelbare) Zytotoxizität gegenüber potentiellen Zielzellen entfalten (Lanier, Le et al. 1986; Jacobs, Hintzen et al. 2001).

Insgesamt machen NK-Zellen etwa 5-15% der Lymphozyten im peripheren Blut aus. Jüngste Untersuchungen konnten zeigen, dass die beiden beschriebenen NK-Zellpopulationen anhand des Expressionsmusters für den C-Typ-Lektin Rezeptor CD94 in weitere Differenzierungsstadien unterschieden werden können (Yu, Mao et al. 2010). Dabei wird vermutet, dass die $CD94^{high}CD56^{dim}$-Fraktion ein phänotypisches und funktionelles Zwischenglied im Differenzierungsprozess von $CD94^{high}CD56^{bright}$ zu $CD94^{low}CD56^{dim}$ NK-Zellen darstellt, da der teilweise Verlust von CD94 mit einer verstärkten Expression von zytotoxischen NK-Zell-Rezeptoren und einer geringeren Zytokinproduktion (im Vergleich zu $CD56^{bright}$ NK-Zellen) einherging.

1.1.1 Die Differenzierungsmarker CD6 und CD57

Neben den klassischen phänotypischen Merkmalen sind in der jüngeren Vergangenheit zwei weitere NK-Zell-Differenzierungsmarker vorgeschlagen worden.

Das Glykoprotein CD57 ist ein Differenzierungsmarker mit adhäsiven Eigenschaften bei T-Zellen und NK-Zellen. Während CD57-positive T- und NK-Zellen bei Neugeborenen oder im fötalen Stadium kaum zu finden sind, steigt ihre Zahl mit zunehmendem Alter (Abo, Miller et al. 1984; Tilden, Grossi et al. 1986; Tarazona, DelaRosa et al. 2000). Beim Menschen wird CD57 auf 30-60% der $CD56^{dim}$ Zellen, kaum oder gar nicht aber auf $CD56^{bright}$ NK-Zellen exprimiert. $CD57^+$ NK-Zellen sind durch Verlust ihrer proliferativen Kapazität, einer schwachen Antwort auf Zytokinsignale und größere zytotoxische Kapazität gekennzeichnet (Lopez-Verges, Milush et al. 2010). Diese Merkmale weisen auf einen hohen Differenzierungsgrad dieser Zellen hin.

Ein anderer potentieller Differenzierungsmarker ist das monomere Glykoprotein CD6 aus der Familie der Scavenger-Rezeptoren. Bei T-Zellen trägt es durch Bindung des Zelladhäsionsmoleküls aktivierter Lymphozyten (ALCAM/CD166) zur Stabilisierung der immunologischen Synapse mit antigenpräsentierenden Zellen bei (Zimmerman, Joosten et al. 2006). Seine costimulatorischen Signale unterstützen Aktivierungs-, Proliferations- und Differenzierungsvorgänge (Nair, Melarkode et al. 2010). Die Expression von CD6 auf NK-Zellen wurde erstmals im Jahre 2003 durch Microarray-Studien entdeckt. Erst kürzlich konnte gezeigt werden, dass $CD6^+$ NK-Zellen vor allem zu der $CD56^{dim}$-Population gehören und die CD6-Expression mit einem weit fortgeschrittenen Differenzierungsstadium korreliert zu sein scheint (Braun, Muller et al. 2010).

1.2 Zytotoxizitätsmechanismen

Die Zytotoxizität von NK-Zellen basiert auf der gerichteten Exozytose zytotoxischer Granula, die konstitutiv exprimierte Granzyme und Perforine speichern (Trapani and Smyth 2002). Durch Bildung einer Immunologischen Synapse zwischen NK- und Zielzelle werden die Granula anhand einer Umstrukturierung von Mikrotubuli in Richtung der Bindungsstelle polarisiert. Zu einer Degranulierung kommt es nur dann, wenn die Gesamtheit der aktivierenden gegenüber der Gesamtheit der inhibitorischen Signale überwiegt. Das ausgeschüttete monomere Perforin bildet in Anwesenheit von Ca^{2+} ein ringförmiges Polymer in der Membran der Zielzelle. Dadurch wird einerseits die Membranintegrität zerstört und andererseits das Eindringen der Apoptose auslösenden Granzyme in die Zielzelle ermöglicht (Smyth, Kelly et al. 2001). Daneben können NK-Zellen die Apoptose der Zielzelle auch direkt auslösen, indem durch Bindung des Fas-Liganden (CD95L) der NK-Zellen an CD95-Moleküle der Zielzelle eine endogene proteolytische Enzymkaskade aktiviert wird (Enari, Talanian et al. 1996). Der FCγ-RezeptorIII (CD16) vermittelt durch Bindung opsonisierender IgG-Antikörper die Zielzelllyse ebenfalls durch Degranulierung.

1.3 „Selbst"-Toleranz von NK-Zellen

Zytotoxische NK-Zellen müssen zwischen gesunden und entarteten, infizierten oder gestressten Körperzellen unterscheiden. Der Schlüssel zu dieser Fähigkeit liegt in ihrer erstmals von Ljunggren und Karre postulierten *„missing self"*-Spezifität (Ljunggren and Karre 1990). Dieser Hypothese zufolge lysieren NK-Zellen bevorzugt solche Zellen, die keine Expression von MHC (*Major Histocompatibility Complex*)-Klasse-I-Moleküle aufweisen (beim Menschen genannt HLA (*Human Leukocyte Antigen*)-Klasse I).
Diese Spezifität ist bedingt durch die Expression HLA-Klasse-I-spezifischer inhibitorischer Rezeptoren auf NK-Zellen. Da HLA-Klasse-I-Moleküle von allen kernhaltigen Körperzellen exprimiert werden, sind diese durch Aktivierung der inhibitorischen Signalkaskaden vor der Lyse durch NK-Zellen geschützt. Bei vielen viral infizierten, gestressten oder entarteten Zellen wird die Expression von HLA-Klasse I herab geregelt oder seine Struktur durch die Präsentation fremdartiger Peptide verändert. Das verhindert zwar einerseits die Erkennung durch HLA-Klasse-I-abhängige zytotoxische T-Zellen, macht die Zellen aber andererseits durch fehlende Inhibition von NK-Zellen angreifbar.
Die *„missing self"*-Hypothese wurde später um die Annahme erweitert, dass für die Lyse potentieller Zielzellen neben dem Fehlen von HLA-Klasse I auch die Expression von Li-

ganden für aktivierende NK-Zell-Rezeptoren notwendig ist (Lanier, Corliss et al. 1997; Diefenbach, Jensen et al. 2001), wenn auch Karre die These aufstellte, dass diese Liganden ubiquitär exprimiert werden (Karre 2008). Zu diesen Liganden gehören auch stressinduzierte Moleküle. Diese Theorie bestätigend konnte gezeigt werden, dass NK-Zellen *in vitro* in der Lage sind, auch bestimmte HLA-Klasse-I-exprimierende Zellen zu lysieren (Leiden, Karpinski et al. 1989; Litwin, Gumperz et al. 1993). Die Effektorfunktion von NK-Zellen wird also durch ein dynamisches Gleichgewicht aktivierender und inhibitorischer Signale reguliert (**Abb. 1-1**).

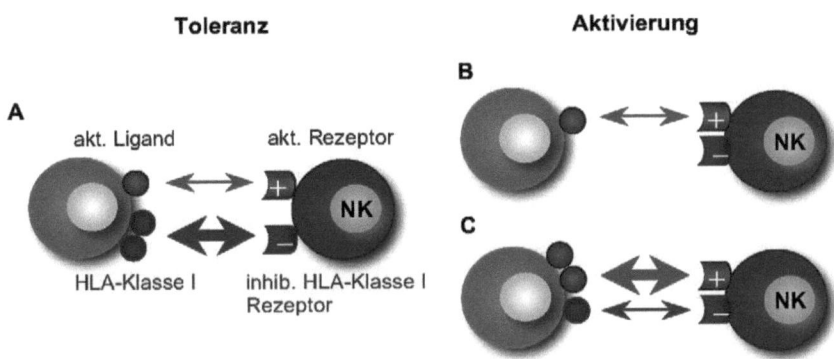

Abb 1-1 Dynamische Regulation der NK-Zell Effektorfunktion. Die Effektorfunktion von NK-Zellen wird durch Integration aktivierender und ihibitorischer Signale reguliert, deren Stärke von der Dichte spezifischer Liganden auf der Zielzelle abhängig ist. NK-Zellen verschonen Zielzellen mit normaler Expressionsdichte von aktivierenden Liganden und „selbst"-HLA Klasse I (**A**) und lysieren selektiv Zellen mit verminderter Expression von HLA-Klasse I einerseits (**B**) oder verstärkter Expression aktivierender Liganden andererseits (**C**).

Der humane MHC-Lokus auf Chromosom 6 codiert für sechs exprimierte HLA-Klasse-I-Moleküle. HLA-A, -B und -Cw gehören zu den hoch polymorphen, klassischen MHC-Klasse-Ia-Molekülen, HLA-E, -F und -G zu den wenig polymorphen nicht-klassischen MHC-Klasse-Ib-Molekülen. Mit derzeit 4946 bekannten Allelen und 3647 Proteinvarianten stellt die HLA-Klasse-I-Familie die polymorphste Genfamilie des Menschen dar (http://hla.alleles.org/nomenclature/stats.html). Während HLA-A, -B und -Cw sowie zum Teil HLA-E eine wichtige Funktion bei der NK-Zell-Reifung und -Regulation in der „normalen" Immunüberwachung übernehmen (siehe Kapitel 1.4 und 1.5), schützt die Expression von HLA-G auf Amnion- und Plazentagewebe den Fötus vor dem Immunsystem der Mutter (Ellis, Sargent et al. 1986; Kovats, Main et al. 1990). Die Rolle von HLA-F für die Regulation von NK-Zellen ist noch unklar.

1.4 NK-Zell-Rezeptoren

Die Rezeptoren, die gemäß der *„missing self"* Hypothese die Reaktivität von NK-Zellen regulieren, gehören im Wesentlichen zwei Proteinfamilien an. Die Mitglieder aus der Familie der Immunglobulin (Ig)-ähnlichen Rezeptoren werden von Genen codiert, die im Leukozyten-Rezeptor-Komplex (LRC) auf Chromosom 19q13.4 lokalisiert sind. Die Gene der C-Typ-Lektin-Rezeptorfamilie liegen im Natü rlichen-Killergen-Komplex (NKC) auf Chromosom 12p13.1-p13.2. In **Tab 1-1** sind die wichtigsten inhibitorischen und aktivierenden Rezeptoren menschlicher NK-Zellen dargestellt.

Tab 1-1 NK-Zell-Rezeptoren

Rezeptor-Familie	Ligand	Funktion
KIR		
KIR2DL1	HLA-C2	inhib.
KIR2DL2/3	HLA-C1	inhib.
KIR2DL4	HLA-G	akt.
KIR2DL5	?	inhib.
KIR3DL1	HLA-Bw4	inhib.
KIR3DL2	HLA-A3, -A11	inhib.
KIR3DL3	?	inhib.
KIR2DS1	HLA-C2	akt.
KIR2DS2	HLA-C1?	akt.
KIR2DS3/4/5	?	akt.
KIR3DS1	HLA-Bw4?	akt.
CD94-NKG2		
NKG2A	HLA-E	inhib.
NKG2C	HLA-E	akt.
NKG2E	HLA-E	akt.
NKG2D	MIC-A/-B ULBP1-4	akt.
NCRs		
NKp30	BAT-3, HSPG, B7-H6	akt.
NKp44	virales HA	akt.
NKp46	virales HA, HSPG	akt.
NKp80	A/CL	akt.
LILR	HLA-Klasse I, UL18	inhib.
2B4	CD48	akt./ inhib.
KLRG1	Cadherine	inhib.
DNAM-1	PVR, CD122	akt.

1.4.1 Rezeptoren der Ig-Superfamilie

1.4.1.1 Killerzell Immunglobulin-ähnliche Rezeptoren (KIR)

Die Rezeptoren der KIR-Familie sind vermutlich die wichtigsten Signalgeber bei der Lizenzierung und Regulation von NK-Zellen (siehe Kapitel 1.5). Bis heute konnten 16 KIR-Gene identifiziert werden, darunter zwei nicht exprimierte Pseudogene (KIR2DP1 und KIR3DP1). Ihre Nomenklatur orientiert sich an dem strukturellen Aufbau aus einem Transmembranglykoprotein das die zwei (KIR2D) oder drei (KIR3D) extrazellulären Ig-ähnlichen Domänen mit einer kurzen (*short*, S) oder langen (*long*, L) intrazellulären Domäne verbindet (Wagtmann, Biassoni et al. 1995) (**Abb 1-2**).

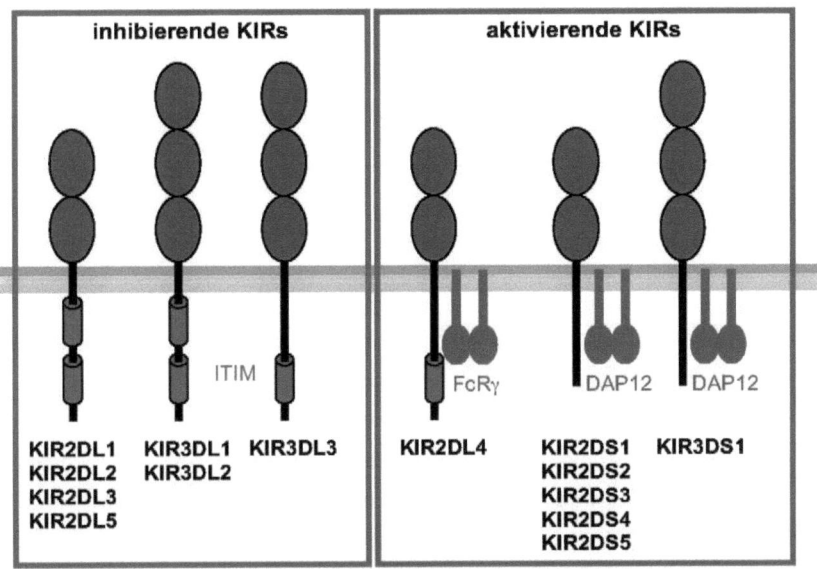

Abb 1-2 Schematische Darstellung der KIR-Proteine. Gezeigt ist der strukturelle Aufbau von KIR-Proteinen mit zwei und drei Ig-ähnlichen extrazellulären Domänen. Die ITIMs der inhibitorischen KIRs sind in rot dargestellt, die mit den aktivierenden KIRs assoziierten Adaptermoleküle DAP12 und FcRγ in grün.

Die langen intrazellulären Domänen der inhibitorischen „DL"-Rezeptoren enthalten eine ITIM-Domäne, deren Signale bei Ligandenbindung zur Deaktivierung der zytotoxischen Effektorfunktionen führen. Die kurze intrazelluläre Domäne der aktivierenden „DS"-

Rezeptoren assoziiert mit dem DAP-12-Molekül um bei Ligandenbindung die Aktivierung der NK-Zelle zu induzieren (Olcese, Cambiaggi et al. 1997; Lanier 1998).
Für nur vier der KIRs konnte eine eindeutige Spezifität für Allotypen des HLA-Klasse-I-Lokus gezeigt werden (Colonna, Borsellino et al. 1993; Biassoni, Falco et al. 1995; Wagtmann, Rajagopalan et al. 1995). KIR2DL1 bindet HLA-Cw-Allele mit einem Lysin-Rest in Position 80, die unter der Bezeichnung HLA-C2 zusammengefasst sind. KIR2DL2 und 3 sind spezifisch für HLA-Cw Allele mit Asparagin in Position 80 (Gruppe HLA-C1) und KIR3DL1 für HLA-B-Moleküle mit dem Bw4-Epitop (Leucin/Arginin in Position 82/83) (**Tab 1-2**).

Tab 1-2 HLA-Allele der Liganden-Gruppen HLA-C1, -C2 und -Bw4

C1-Gruppe	C2-Gruppe	Bw4-Gruppe	
HLA-Cw Allele	HLA-Cw Allele	HLA-A Allele	HLA-B Allele
01	02	23	07-08
03	04	24	13
07	05	25	15
08	06	32	27
1201-03	1204	einzelne andere	37 - 38
14	15		44
1601; 1604	1602		47
	17		49
	18		51-53
			57-59
			einzelne andere

Die Affinität der KIR-HLA-Bindung wird zusätzlich von der Struktur des vom HLA-Klasse-I-Molekül präsentierten Peptids beeinflusst (Hansasuta, Dong et al. 2004; Stewart, Laugier-Anfossi et al. 2005). Die Liganden der anderen inhibitorischen und aller aktivierenden KIRs (iKIRs bzw. aKIRs) sind entweder weniger gut definiert oder gänzlich unbekannt (siehe **Tab 1-1**). Die aKIRs der strukturell homologen Rezeptorpaare KIR2DS1/L1, KIR2DS2/L2/3 und 3DS1/L1 binden zwar spezifisch an die gleichen HLA-Liganden wie ihre inhibitorischen Pendants, jedoch mit deutlich geringerer Affinität (Biassoni, Falco et al. 1995; Vales-Gomez, Erskine et al. 2001). Der Rezeptor KIR2DL4 nimmt eine Sonderrolle unter den KIRs ein, da seine Signale keine Auswirkung auf zytotoxische Mechanismen haben sondern die Freisetzung von proinflammatorischen Zytokinen bewirken (Rajagopalan, Bryceson et al. 2006). Aufgrund dieser Eigenschaft wird KIR2DL4 als aktivierender Rezeptor eingeordnet.

KIR-Rezeptoren werden in Haplotypmustern vererbt, deren Unterteilung in Typ A und B sich an der Zahl der aKIR-Gene orientiert. Haplotyp A codiert für einen begrenzten Genumfang mit nur einem aKIR, dem KIR2DS4-Gen, dessen am stärksten verbreitetes Allel (2DS4*003) jedoch nicht auf der Zelloberfläche exprimiert wird (Parham 2005). Etwa 40% der kaukasischen Bevölkerung ist homozygot für KIR-Haplotyp A. Haplotyp B erscheint in mindestens zehn verschiedenen Ausprägungen und ist charakterisiert durch die Codierung zusätzlicher aKIRs (Uhrberg, Parham et al. 2002). In **Tab 1-3** sind die elf häufigsten Haplotypen dargestellt. Wegen der Lokalisation auf verschiedenen Chromosomen werden die KIR-Gene unabhängig von den HLA-Genen vererbt.

Tab 1-3 Die elf häufigsten KIR-Haplotypen in der kaukasischen Bevölkerung. Die aktivierenden KIRs sind grün unterlegt, die für die Lizenzierung verantwortlichen inhibitorischen KIRs rot.

	2DL1	2DL2	2DL3	2DL4	2DL5	2DS1	2DS2	2DS3	2DS4	2DS5	3DL1	3DL2	3DL3	3DS1	2DP1	3DP1
A	+	-	+	+	-	-	-	-	+	-	+	+	+	-	+	+
B1	-	+	-	+	-	-	+	-	+	-	+	+	+	-	+	+
B2	+	+	-	+	+	-	+	+	+	-	+	+	+	-	+	+
B3	+	+	-	+	+	+	+	+	-	+	-	+	+	+	-	+
B4	+	+	-	+	+	+	+	+	-	-	-	+	+	+	-	+
B5	-	+	-	+	+	+	+	-	-	+	-	+	+	+	?	+
B6	+	+	-	+	+	+	-	-	?	+	-	+	+	+	?	+
B7	+	+	-	+	-	-	-	-	+	-	+	+	+	-	-	+
B8	+	+	-	+	+	-	+	-	+	-	+	+	+	-	+	+
B9	+	+	-	+	+	+	+	+	+	-	+	+	+	-	?	+
B10	?	+	-	+	-	-	-	-	?	-	+	+	-	?	+	?

Die KIRs werden erst spät in der Entwicklung von NK-Zellen exprimiert. Die Expression umfasst maximal drei oder vier der codierten KIRs, deren Auswahl vermutlich zufällig gesteuert ist. Durch die Methylierung der KIR-Genloci wird ihre Transkription reguliert und das für die NK-Zelle individuelle Expressionsmuster an die Tochterzellen weitergegeben (klonale Expression) (Chan, Kurago et al. 2003).

1.4.1.2 Natürliche Zytotoxizitäts-Rezeptoren (NCRs)

Schon früh wurde vermutet, dass die aktivierenden Natürlichen Zytotoxizitäts-Rezeptoren (NCRs) einer der Hauptmechanismen sind, über die NK-Zellen Tumorzellen eliminieren (Pessino, Sivori et al. 1998; Pende, Parolini et al. 1999). Diese Vermutung wurde durch die spätere Beobachtung unterstützt, dass die Deletion eines einzelnen NCRs die Fähigkeit von NK-Zellen vermindert, Tumorzellen abzutöten (Halfteck, Elboim et al. 2009). Beim Menschen werden die NCRs NKp46, NKp80 und NKp30 konstitutiv auf NK-Zellen exprimiert, während die Expression von NKp44 durch Stimulation von NK-Zellen teilweise hochreguliert wird (Pende, Parolini et al. 1999; Vitale, Falco et al. 2001; Fuchs, Cella et al. 2005). Die wenigen bekannten Liganden der NCRs sind in **Tab 1-1** aufgeführt. Die Inkubation von NK-Zellen mit Antikörpern gegen verschiedene NCRs konnten die Lyse vieler Tumorzelltypen verhindern, was auf die Existenz zellulärer Liganden schließen lässt, die jedoch noch nicht identifiziert werden konnten (Nowbakht, Ionescu et al. 2005; Byrd, Hoffmann et al. 2007).

1.4.2 Rezeptoren der C-Typ-Lektin-Familie

Zu den im NKC codierten C-Typ-Lektin Rezeptoren gehören das inhibitorische Heterodimer CD94:NKG2A und sein aktivierendes Gegenstück CD94:NKG2C. Beide Komplexe binden an HLA-E, das seinerseits Nonamerpeptide aus der Leadersequenz anderer HLA-Moleküle exprimiert (Borrego, Ulbrecht et al. 1998; Braud, Allan et al. 1998; Lee, Goodlett et al. 1998).

Das Homodimer NKG2D ist ein aktivierender NK-Zell-Rezeptor der eine wichtige Rolle bei der Überwachung von Tumoren und Infektionen spielt (Raulet 2003). Bei der Bindung seiner stressinduzierten Liganden, zu denen die MHC-Klasse-I-assoziierten Moleküle MICA/B und ULBP1-4 gehören, wird durch Assoziation mit dem DAP10 Adapterprotein Zytotoxizität induziert. Die Liganden werden auf vielen infizierten Zellen und Tumorzellen exprimiert (Diefenbach, Hsia et al. 2003; Casado, Pawelec et al. 2009).

Das ebenfalls als Homodimer exprimierte CD69 ist einer der frühesten Lymphozyten-Aktivierungsmarker. Bei T-Zellen agiert er als kostimulatorisches Molekül in Vorgängen wie der Proliferation, Zytokin-Sekretion und zytotoxischen Aktivierung (zusammengefasst in (Testi, D'Ambrosio et al. 1994). NK-Zellen exprimieren das Homodimer schon innerhalb einer Stunde nach Aktivierung *de novo*, wo es zur Induktion der zytotoxischen Aktivität sowie zur Produktion kostimulatorischer Zytokine führt (Moretta, Poggi et al. 1991; Borrego, Robertson et al. 1999). Trotz intensiver Forschung auf diesem Gebiet konnte der Ligand von CD69 bis heute nicht eindeutig identifiziert werden (Kavan, Kubickova et al. 2010).

1.5 Lizenzierung von NK-Zellen

Die Toleranz gegenüber HLA-Klasse-I-exprimierenden Zellen einerseits sowie ihre grundsätzliche Fähigkeit zur Zielzelllyse andererseits erlangen NK-Zellen im Laufe ihrer Entwicklung durch einen Prozess, der als „Lizenzierung" bezeichnet wird (Fernandez, Treiner et al. 2005; Kim, Poursine-Laurent et al. 2005; Anfossi, Andre et al. 2006; Kim, Sunwoo et al. 2008). Die für die Lizenzierung wichtigsten Rezeptoren sind die iKIRs 2DL1, 2DL2/3 und 3DL1. Erst durch Wechselwirkung von mindestens einem dieser Rezeptoren mit seinem HLA-Klasse-I-Liganden (entsprechend C2, C1 oder Bw4) auf den umliegenden Zellen bilden die NK-Zellen ihre zytotoxischen Effektormechanismen vollständig aus und erlangen einen „responsiven" Phänotyp. In Abwesenheit von KIRs übernimmt auch der CD94/NKG2A-Rezeptor eine lizenzierende Funktion.

In den vergangenen Jahren wurde mehr und mehr deutlich, dass das ausgebildete zytotoxische Potential je nach Art und Stärke der lizenzierenden Signale sehr unterschiedlich ausfallen kann (**Abb 1-3**) (Brodin, Karre et al. 2009; Joncker, Fernandez et al. 2009).

Nach dem Rheostat-Modell werden diese Signale beeinflusst durch die HLA-Klasse-I-Expressionsdichte auf normalen Körperzellen, die Zahl der von den NK-Zellen exprimierten inhibitorischen Rezeptoren und deren Bindungsaffinität zu ihren Liganden. Erst kürzlich konnte gezeigt werden, dass der aktivierende Rezeptor KIR2DS1 eine der Lizenzierung entgegen gesetzte Wirkung hat und für einen schwächer responsiven Phänotyp verantwortlich ist (Cognet, Farnarier et al. 2010; Fauriat, Ivarsson et al. 2010).

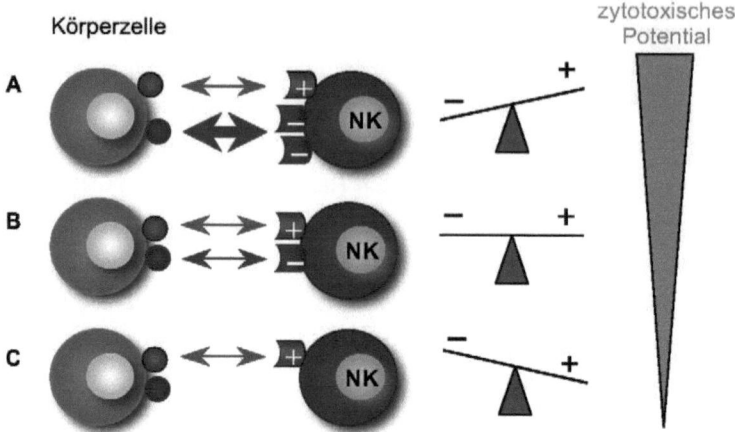

Abb 1-3 Vereinfachte Darstellung des Rheostat-Modells der NK-Zell-Lizenzierung. Während ihrer Entwicklung sind NK-Zellen aktivierenden und inhibierenden Wechselwirkungen mit normalen Körperzellen ausgesetzt (links). Das Gleichgewicht dieser Signale bestimmt, wie groß das zytotoxische Potential ist, das NK-Zellen in ihrem Lizenzierungsprozess ausbilden (rechte Spalte). **A** Durch die Expression mehrerer inhibitorischer Rezeptoren auf der NK-Zell-Oberfläche werden die Signale durch konstitutiv exprimierte aktivierende Rezeptoren kompensiert, sodass die NK-Zelle einen Status mit hohem zytotoxischen Potential erreicht. Exprimiert eine NK-Zelle nur einen inhibitorischen Rezeptortyp (**B**), können die aktivierenden Signale nur teilweise kompensiert werden, was zur Ausbildung eines geminderten zytotoxischen Potentials führt. Fehlen die inhibitorischen Signale vollständig (**C**), bildet die NK-Zelle einen hyporesponsiven Phänotyp aus.

NK-Zell-Rezeptoren werden klonal exprimiert, sodass NK-Zellsubpopulationen mit unterschiedlichem Rezeptorrepertoire entstehen. Die Expression von mehr als zwei inhibitorischen Rezeptoren für eigene HLA-Klasse-I-Moleküle ist vergleichsweise ungewöhnlich (Valiante, Uhrberg et al. 1997; Anfossi, Andre et al. 2006). Bei vollständigem Fehlen inhibitorischer Rezeptoren und/oder ihrer Liganden bilden NK-Zellen durch Veränderung und Stummschalten der aktivierenden Signalwege einen „hyporesponsiven" (vermindert reaktiven) Phänotyp aus (Fernandez, Treiner et al. 2005; Raulet and Vance 2006). Auf diese Weise wird die Autoreaktivität von NK-Zellen verhindert, die keinen inhibitorischen Rezeptor für eigene HLA-Klasse-I-Moleküle exprimieren.

Bis heute sind die der Lizenzierung zugrunde liegenden Mechanismen mit vielen offenen Fragen behaftet. So postulierten Raulet et al, dass die persistente Aktivierung der reifenden NK-Zellen zu einer aktiven „Entwaffnung" (*disarming*-Modell) führt, während Yokoyama et al annehmen, dass der ursprüngliche Zustand der Hyporesponsivität erst bei der Lizenzierung durch inhibitorische Rezeptoren überwunden wird (*arming*-Modell, (Yokoyama and Kim 2006; Yokoyama and Kim 2006).

Die Mechanismen der Lizenzierung sind von besonderer Relevanz bei der Transplantation allogener hämatopoetsichen Stammzellen, bei der sowohl reife NK-Zellen in eine veränderte Umgebung verpflanzt werden als auch neue NK-Zellen in dieser Umgebung heranreifen.

1.6 Therapeutische Bedeutung von NK-Zellen in der Transplantation

1.6.1 Hämatopoetische Stammzelltransplantation

Nachdem es Anfang der 1960er Jahre erstmals gelungen ist, HLA-Moleküle zu identifizieren und zu typisieren, wird seit den späten 1960er Jahren die allogene hämatopoetische Stammzelltransplantation (*haematopoietic stem cell transplantation*, HSCT) zur Behandlung diverser Erkrankungen des blutbildenden Systems eingesetzt. Dazu gehören verschiedene Formen von Leukämien mit myeloischem oder lymphatischem Ursprung. Während die Stammzellen anfänglich durch Punktion direkt aus dem Knochenmark der Spender entnommen wurden, finden heute immer mehr Präparate von G-CSF (*granulocyte colony stimulating factor*)-mobilisierten, d.h. ins periphere Blut ausgeschwemmten $CD34^+$ Stammzellen Verwendung.

Um eine Immunreaktion der Spenderzellen gegen die Gewebezellen des Empfängers (*Graft-versus-Host*, GvH) zu minimieren, werden für die Transplantation (im Idealfall) HLA-identische Spender verwendet. Da die HLA-Gene werden als Haplotypen vererbt werden, findet nach Mendel nur jeder vierte Patient einen HLA-identischen Spender unter seinen Geschwistern (in der Realität sind es etwas mehr), sodass für die Patientenversorgung die in den letzten Jahrzehnten angelegten Datenbanken freiwilliger Fremdspender äußerst hilfreich sind. Die transplantierten Stammzellen ersetzen das im Vorfeld durch Chemotherapie und/oder Bestrahlung zerstörte blutbildende System des Patienten. Dabei hilft das vom Spendermaterial abgeleitete „neue" Immunsystem bei der Beseitigung von Leukämiezellen, die der Vorbehandlung entkommen konnten (*Graft-versus-Leukemia*, GvL). Die Chemo- und/oder Strahlentherapie dient außerdem der Zerstörung der T-Zellen des Patienten, die durch eine Immunreaktion gegen das Transplantat dessen erfolgreiches Anwachsen verhindern würden.

Das Transplantat enthält neben den hämatopoetischen Stammzellen je nach Art seiner Gewinnung und Aufbereitung unterschiedlich große Anteile von NK-Zellen, T-Zellen, B-Zellen, Monozyten, Dendritischer Zellen u.a. Da auch ein HLA-identischer Spender dem Empfänger immunologisch nicht vollständig gleichen kann, neigen die T-Zellen des Spenders zu einer alloreaktiven GvH-Reaktion, die vor allem die Haut, die Leber, und den Verdauungstrakt betrifft und oft schwerwiegende Folgen hat. Um diese Reaktion zu unterdrücken, werden die T-Zellen oftmals aus dem Transplantat depletiert und/oder der Patient immunsuppressiv behandelt. Andererseits tragen alloreaktive T-Zellen auch entscheidend zur GvL-Reaktion bei und fördern so die Remission des Spenders. Die Entscheidung über den Grad der HLA-Identität zwischen Spender und Empfänger sowie über die Durchführung von T-Zelldepletion und Immunsuppression bedeutet ein Abwägen zwischen der schädlichen GvH-Reaktion und dem nutzenbringenden GvL-Effekt. Hier liegt der Grund für eine Fülle an unterschiedlichen Vorgehensweisen bei der Auswahl von Spendern, der Aufarbeitung des Transplantats sowie Vor- und Nachbehandlung der Patienten.

In dem Fall, dass kein HLA-identischer Spender gefunden werden kann, stellt die Transplantation mit einem HLA-haploidentischen Familienmitglied eine alternative Behandlungsmethode dar. Die Diskrepanz der HLA-Expression zwischen Spender und Empfänger macht eine Depletion der T-Zellen des Spenders vor der Transplantation notwendig, um eine GvH-Reaktion zu verhindern. Durch Hinzufügen von Anti-Thymozytenglobulin (ATG) wird *ex vivo* die Anzahl der T-Zellen auf maximal 1×10^4 pro kg Körpergewicht reduziert (Ruggeri, Ciceri et al. 2010)) und für ein erfolgreiches Anwachsen des Transplantats mindestens 10×10^6 Stammzellen pro kg Körpergewicht transplantiert ($CD34^+$ *megadose*). Bei einer vollständigen Depletion der T-Zellen wird zwar die Gefahr einer GvH-Reaktion vermindert aber auch der für die Remission wichtige GvL-Effekt der T-Zellen verhindert. Es konnte jedoch gezeigt werden, dass NK-Zellen die GvL-Funktion übernehmen können und zusätzlich eine protektive Wirkung gegenüber einer GvH-Reaktion vermitteln, deren Ursache in der Depletion von antigenpräsentierenden Zellen des Patienten liegt (Ruggeri, Capanni et al. 2002).

1.6.2 Konzepte von NK-Zell-Alloreaktivität

In den vergangenen Jahren wurde die therapeutische Bedeutung Natürlicher Killerzellen bei der Behandlung von Tumor- und Leukämiepatienten intensiv untersucht. Eine Reihe klinischer Studien mit HSC-transplantierten Patienten hat gezeigt, dass vom Spendermaterial abgeleitete NK-Zellen durch Vermittlung eines GvL-Effekts eine wichtige Rolle bei der Beseitigung verbliebener Leukämiezellen des Patienten spielen und damit zur Verringerung der Rückfallrate sowie zu einer höheren Überlebenswahrscheinlichkeit beitragen (Savani, Rezvani et al. 2006; Clausen, Wolf et al. 2007). Dieser Mechanismus wird auf die Fähigkeit von NK-Zellen zurückgeführt, gemäß der *„missing-self"*-Hypothese Zellen mit fehlendem, verändertem oder herunterreguliertem HLA-Klasse I zu lysieren. Solche transplantierten NK-Zellen werden als alloreaktiv bezeichnet.

Die Bedeutung von NK-Zellalloreaktivität rückte durch eine Studie von haploidentischen Transplantationen ins Interesse der Transplantationsforschung. Patienten mit akuter myeloischer Leukämie (AML), die mit NK-alloreaktiven Spendern transplantiert wurden, hatten nach dieser Studie einen deutlichen Überlebensvorteil gegenüber Patienten, die mit nicht-NK-alloreaktiven Spendern transplantiert wurden (Ruggeri, Mancusi et al. 2007). Bei Patienten mit akuter lymphatischer Leukämie (ALL) konnte kein Effekt einer NK-Zellalloreaktivität auf die Rückfallrate oder Überlebenswahrscheinlichkeit nachgewiesen werden, wofür bis heute keine Erklärung gefunden werden konnte. In den vergangenen Jahren sind mehrere Modelle vorgeschlagen worden, mit deren Hilfe es möglich sein soll, NK-Zellalloreaktivität vorherzusagen.

1.6.2.1 KIR-Liganden-Mismatch

Bei ihrer Transplantation in einen fremden Organismus unterscheiden NK-Zellen eigene von fremden Zellen anhand ihrer HLA-Klasse-I-Expression. Wie in Kapitel 1.5 beschrieben, führt während der Entwicklung von NK-Zellen die Erkennung von HLA-Klasse-I-Molekülen durch einen ihrer inhibitorischen KIRs zur Lizenzierung und „selbst"-Toleranz der NK-Zelle. Auch Zellen des Empfängers, die diese KIR-Liganden exprimieren, haben den Status einer „selbst"-Zelle und sind vor den NK-Zellen des Spenders geschützt. Fehlt dem Empfänger ein vom Spender exprimierter inhibitorischer KIR-Ligand (*KIR-ligand-mismatch*), empfangen entsprechend der *„missing-self"*-Spezifität einige der NK-Zellen des Spenders keine inhibitorischen Signale, was zur Lyse der Zielzelle führt (Ligand-Ligand-Modell).

Obwohl unlizenzierte NK-Zellen hyporesponsiv gegenüber HLA-Klasse-I-negativen Zellen sind, können proinflammatorische Signale zur Umgehung des negativen Lizenzierungsstatus' führen (Kim, Poursine-Laurent et al. 2005). Anhand einer klinischen Studie schlugen Leung et al das Rezeptor-Liganden-Modell vor, nach dem die Kenntnis exprimierter inhibitorischer KIR-Liganden des Spenders und ihrer Liganden auf Seiten des Empfängers ausreicht, um eine NK-Zellalloreaktivität vorherzusagen (Leung, Iyengar et al. 2004). Dieses Modell ist eine Vereinfachung des Ligand-Ligand-Modells, nach dem die HLA-Ligandenausstattung des Spenders unerheblich ist.

In retrospektiven Studien mehrerer Gruppen wurden teilweise widersprüchliche Ergebnisse in Bezug auf die Vorteilhaftigkeit einer (nach dem einen oder anderen Modell) vorhergesagten NK-Zellalloreaktivität auf GvL-Effekt und Überleben der transplantierten Patienten erzielt. Die Vergleichbarkeit dieser Studien muss jedoch in Frage gestellt werden, da große Unterschiede im Hinblick auf die zugrunde liegenden Leukämieformen, die klinische Vorbehandlung das Patientenkollektiv und/oder die Transplantatzusammensetzung bestanden (Davies, Ruggieri et al. 2002; Giebel, Locatelli et al. 2003; Beelen, Ottinger et al. 2005; Farag, Bacigalupo et al. 2006; Witt 2009)

1.6.2.2 KIR-Genotyp-Modell

Unabhängig vom HLA-Genotyp bei Spender und Patient wird nach dem KIR-Genotyp-Modell der Einfluss des KIR-Genotyps des Spenders auf die antileukämische Funktion seiner NK-Zellen untersucht. Das KIR-Genotyp-Modell diskutiert anders als die ersten beiden Modelle die Alloreaktivität von NK-Zellen nicht als Funktion der genotypischen HLA-Anpassung zwischen Spender und Empfänger. Es wird stattdessen die Kombination verschiedener KIR-Rezeptoren beim Spender (die oft in die Gruppierung nach KIR-Genotyp AA, AB und BB vereinfacht wird) auf die Überlebenswahrscheinlichkeit und Rückfallrate der transplantierten Patienten untersucht. Dabei wird vor allem die bevorzugte Anzahl der aktivierenden KIR-Rezeptoren diskutiert.

Auch hier widersprechen sich die klinischen Daten verschiedener Gruppen. Während einerseits bei nicht-T-Zell-depletierten HSC-Transplantationen ein positiver Effekt beobachtet werden konnte, wenn die Spender KIR-Genotyp AB oder BB hatten, korrelierte bei T-Zell-depletierten Transplatationen die Verwendung von Spendern mit KIR-Genotyp AA mit einem verbesserten Therapieerfolg (Kroger, Binder et al. 2006; McQueen, Dorighi et al. 2007) (Cooley, Trachtenberg et al. 2009; Cooley, Weisdorf et al. 2010). Die beiden Unterschiedlichen Aussagen sind auch hier aufgrund der Unterschiede im Transplantations- und Vorbehandlungsprotokoll nicht vergleichbar.

2 Arbeitshypothese

Ausgangspunkt der vorliegenden Arbeit war eine klinische Studie unseres Instituts mit HSC-transplantierten Leukämiepatienten. Bei Patienten mit myeloischen Leukämien konnten eine geringere Rückfallrate sowie eine höhere Überlebenswahrscheinlichkeit beobachtet werden, wenn das Transplantat von einem Spender mit KIR-Genotyp AA stammte. Der Zusammenhang bestand ebenso für Spender, die unabhängig von einer Gruppierung nach dem KIR-Genotyp für höchstens drei aKIRs codierten. Diese Beobachtung führte zu der Hypothese, dass NK-Zellen mit weniger aKIR-Genen (wie bei KIR-AA) möglicherweise ein größeres zytotoxisches Potential ausbilden, als solche mit mehr aKIRs (KIR-AB oder -BB). Die Existenz eines solchen „KIR-Genotyp-Effekts" sollte im *in vitro* Versuch überprüft werden.

Als Grundvoraussetzung für die Untersuchung sollte auf Basis des Chromium-Freisetzungstests (*chromium release assay*, CRA) ein Versuchsablauf etabliert werden, der die standardisierte Untersuchung der NK-Zellaktivität bei einer großen Anzahl von Spendern ermöglicht. Dabei sollte zum einen überprüft werden, ob kryokonservierte periphere mononukleäre Blutzellen (PBMCs) ein geeignetes Material sind, um die relativen Unterschiede in der Aktivität von NK-Zellen verschiedener Individuen unverfälscht abzubilden. Zum anderen sollte eine Methode zur Analyse ausgearbeitet werden, die inter- und intra-Assay-Varianzen auszugleichen vermag.

Im Laufe der Untersuchungen wurde zunehmend deutlich, dass das zytotoxische Potential von NK-Zellen verschiedener Individuen jedoch nur teilweise durch ihren KIR-Genotyp oder andere regulatorische Rezeptoren bestimmt wird und auch bei vollständiger Übereinstimmung dieser Merkmale stark variiert. Zusammen mit der Beobachtung einer Plateauphase in der zytotoxischen Aktivität gegen HLA-Klasse I negative Zielzellen, deren Höhe von Spender zu Spender variierte, führte dies zu einer weiteren Hypothese - einer Begrenzung der zytotoxischen Aktivität durch eine (negativ) regulatorische Zellpopulation. Durch Vergleich der gewonnen Zytotoxizitätsdaten mit phänotypischen Merkmalen der Spenderzellen sollte die Existenz einer solchen regulatorischen Population überprüft werden.

3 Material

3.1 Plastik- und Verbrauchsmaterial

Artikel	Firma
ELISA Platten	Greiner Bio-one
FACS-Röhrchen, 12x75	BD Falcon; Sarstedt
Filme zur Geldokumentation	FujiFilm
Filtrationssystem 0,2 µm PES, 250 und 500 ml	Biochrom
Gewebekulturflasche für adhärente Zellen, 50 und 250 ml, rote Belüftungskappe	Sarstedt
Gewebekulturflasche für Suspensions- und Hybridomzellen, 50 und 250 ml grüne Belüftungskappe	Sarstedt
Handschuhe, Nitril und Latex	Hartmann
Indikatorklebeband Dampf, 19x55 mm	STEAM
MACS Prä-Separations Filter	Miltenyi
MACS Säulen, MS und LS	Miltenyi
Messzylinder, versch. Größen bis 1000 ml	Duran, Schott
Microtestplatte 96 Well, PS, konischer Boden	Sarstedt
Parafilm® "M"	Pechiney
PCR-Platten, 96 Well	Sarstedt
PCR-Röhrchen, 0,2 µl	Applied Biosystems
Pipettenspitzen mit Filter, 10, 100 und 1000µl	Sarstedt
Pipettenspitzen, 10, 200 und 1000µl, Typ Eppendorf/Gilson	Sarstedt
Plastiktrichter	k.A.
Reaktionsgefäße mit Schraubdeckel, 1,5 ml	Sarstedt
Reaktionsgefäße, Safe-Seal 0,5, 1,5 und 2,0 µl	Sarstedt
Röhrchen, Safe-Lock, 2,0 ml	Eppendorf
Saline-Filter für den FACScan (mit Zellsieb)	BD Biosciences
serologische Pipette, 2, 5, 10 und 25 ml	BD Falcon
Spritze 20 ml, Lataexfr., 2teilig	B.Braun
Vernichtungsbeutel, PP	Hellma
Zellkultur Microplatte 96 well, PS, U-Boden, steril	Greiner Bio-one
Zellkulturplatten 24 well, F-Boden, für Suspensionszellen	Sarstedt
Zellkulturschale, PS, steril, 35/10 und 145/10 mm	Greiner Bio-one
Zellsieb, 70 µm	BD Falcon

3.2 Technische Geräte

Gerät	Modell	Hersteller
Absaugpumpe	Miniport	Servox Medizintechnik GmbH
Autoklav	3870 EL	Systec
Gammazählgerät	1470 Wizard	Wallac
CO_2-Inkubator		Heraeus
Durchflussanalysegerät	Labscan™100	Luminex MAP Technology

Gerät	Modell	Hersteller
Durchflusszytometer	FACScan, Canto, Calibur	BD Bioscience
Einfrier-Box	Cryo 1°C	Nalgene
Eismaschine		Hoshizaki
Feinwaage	Precisa 300C	PAG Oerlicon AG
Gefrierschrank -20°C		Liebherr
Gefrierschrank -80°C		
Gelelektrophoresekammer	DNA Sub Cell	Bio-Rad
Kombikühlschrank	4°C; -20°C	Liebherr
Kühlzentrifuge	Allegra X-15R	Beckmann Coulter
Kühlzentrifuge	Megafuge 1.0R	Heraeus
Mikroskope	Durch- und Auflicht	Zeiss
Mikrowelle		GoldStar
Minifuge	Galaxy MiniStar	VWR
Multipette	Multipette pro	Eppendorf
Nanodrop	ND-1000	PeqLab
PCR Maschine	Primus 96 plus	Aviso GmbH
Plattenschüttler	MTS4	IKA-Laborelektronik
Polaroid-Kamera für Gele	MP 4+ Instant Camera Systems	Polaroid
Spülmaschine	Mielabor G 7783	Miele
Sterilbank	LaminAir HA 2448 GS	Heraeus
Transformator	2197 Power Supply	LKB Bromma
Trockenschrank		Memmert
UV-Tisch	TFX-35C	?
Vortexer	MS2 Minishaker	IKA-Laborelektronik
Wasserbad		GFL
Zentrifuge	Centrifuge 5415 D	Eppendorf

3.3 Chemikalien und Medien

Artikel	Firma
Agarose	Lonza
Aqua ad injectabilia	Braun
BD Calibrite 3 Beads	BD
BD FACSClean	BD
BD FACSFlow	BD
BD FACSRinse	BD
Dimethylsulfoxid (DMSO), 99,7%	Merck
DPBS mit Ca & Mg pH 7.0 - 7.5 , 1x	PAA
DPBS ohne Ca & Mg pH 7.0 - 7.5, 10x und 1x	PAA
EDTA, fest	Roth
Ethanol 99%, vergällt	Walter-CMP
Ethidiumbromid, 10 mg/ml	GibcoBRL
EtOH 80%, vergällt	Th. Geyer
FBS, hitzeinaktiviert, Charge 07Q9279K	Gibco
Ficoll-Paque Plus	GE Healthcare

Artikel	Firma
Hypochlorid Lösung, 0,2%	Sigma
Isopropanol	Sigma
Korsolex plus	Bode
Ladepuffer, 6x	Protrans
Natrium-Acid	Roth
OptiMEM with L-Glutamine	Gibco-Invitrogen
RosetteSep	StemCell
RPMI 1640	Gibco
Sheath	Quiagen
Streptavidin-R-PE (SAPE)	Quiagen
TAE-Puffer, 50x	Gibco
Triton X-100, 10%	Fluka
Trypan Blau Lösung (0,4%)	Sigma
Wasser für die Chromatographie	Merck
[51Cr]-Chromium, 5µCi/µl	Hartmann

3.4 Kits

Kit	Verwendung	Firma
KIR Genotyping SSP Kit	KIR-Genotypisierung	Invitrogen
LABType SSO KIR Typing Test	KIR-Genotypisierung, Lot#002-004	OneLamda
NK cell isolation Kit	NK-Zell-Isolation aus PBMCs	Miltenyi
NucleoSpin Blood L	DNA-Isolation aus Vollblut	Macherey-Nagel
NucleoSpin Blood XL	DNA-Isolation aus Vollblut	Macherey-Nagel

3.5 Monoklonale Antikörper

Spezifität	Name	Isotyp	Klon	Konjugation	Firma
CD3		IgG2a	OKT3	FITC	eBioscience
				PacificBlue	
		IgG1		PECy5.5	
CD6		IgG1,k	M-T605	PE	BD
CD16	FcgammaR1	IgG1,k	3G8	APCCy7	BioLegend
CD56	N-CAM	IgG1	B159	PE	BD
				PECy5	
			MEM188	APC	eBioscience
			HCD56	BrViolet 421	BioLegend
		IgG2a	MEM-188	PECy5	BioLegend
CD57	Leu7, B3GAT1	IgM,k	NK-1	FITC	BD
CD69	VEAA	IgG1,k	FN50	PECy7	eBioscience
CD158a/h	KIR2DL1/S1	IgG1	11PB6	PE	Miltenyi
CD158b	KIR2DL2/3	IgG2a	DX27	PE	Miltenyi
CD158d	KIR2DL4	IgG2a	8B31	PE	USBiological

Spezifität	Name	Isotyp	Klon	Konjugation	Firma
CD158e	KIR3DL1	IgG1	DX9	PE	Miltenyi
CD158f	KIR2DL5	IgG1	UP-R1	PE	Miltenyi
CD158i	KIR2DS4	IgG1	JJC11.6	PE	Miltenyi
CD161	NKR-P1A			AF647	
CD336	NKp44	IgG1	Z231	PE	Coulter
CD335	NKp46	IgG1	9E1/NKP46	PE	BD
CD314	NKG2D	IgG1	1D11	PE	BD
HLA-ABC	MHC1	IgG1	DX17	PE	BD
HLADR+DP+DQ	MHC2	IgG2a	CR3143	PE	Abcam
Isotypkontrolle	IgG1	IgG1		PE	eBioscience
Isotypkontrolle	IgG2a	IgG2a		PE	eBioscience

3.6 Enzyme

Enzym	Verwendung	Firma
AmpliTaq© DNA-Polymerase	DNA-abhängige PCR	Roche

3.7 DNA-Größenmarker

Olerup SSP® DNA Size Marker

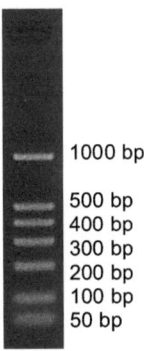

1000 bp
500 bp
400 bp
300 bp
200 bp
100 bp
50 bp

3.8 Zellinien

Zellinie	Typ	Quelle
K-562	HLA-Klasse-I-negative Erythroleukämielinie	DSMZ

3.9 Puffer und Medien

Zellkulturmedium, 500 ml

10% FBS, hitzeinaktiviert
90% RPMI 1640

Die Komponenten wurden gemischt und steril filtriert. Lagerung bei 4°C.

Einfriermedium 1 (EM1)

50% FBS in RPMI 1640, steril filtriert. Lagerung bei 4°C.

Einfriermedium 2 (EM2)

20% DMSO in RPMI 1640, steril filtriert. Lagerung bei 4°C.

MACS-Puffer , 500 ml (Isolation von NK Zellen)

0,1% BSA
2 mM EDTA

Die Komponenten wurden in PBS (ohne Mg und Cl) gelöst und steril filtriert. Lagerung bei 4°C.

FACS-Puffer, 50 ml (Zelloberflächen-Markierung mit Antikörpern)
0,1% BSA
2 mM EDTA
0,01% Na-Azid

Die Komponenten wurden in PBS ohne Mg und Cl gelöst. Lagerung bei 4°C.

4 Methoden

4.1 Zellbiologische Methoden

4.1.1 Eukaryontische Zellkultur

Alle Arbeiten mit Zelllinien und primären Blutzellen wurden an der Sterilbank mit sterilen Medien, Puffern, Glas- und Plastikmaterial durchgeführt. Die Zelllinien wurden in Vollmedium (VM, 10% Fötales Bovines Serum (FBS) in RPMI 1640) bei 37°C und 5% CO_2 kultiviert. Für die Langzeitkultur verwendetes VM wurde nach mischen der sterilen Komponenten zusätzlich steril filtriert.

4.1.1.1 Kultivierung der Suspensionszelllinien

Die Suspensionszellen der erythroleukämischen Zelllinie K-562 wurden in anti-adhäsiv beschichteten Zellkulturflaschen für Suspensionszellen inkubiert. Spätestens bei erreichter maximaler Zelldichte wurden die Zellsuspensionen in konische 50 ml Röhrchen überführt, die Zellen bei 300 x g und Raumtemperatur (RT) über eine Dauer von 5 min pelletiert und die Überstände verworfen. Die Zellen wurden in 30 ml Phosphat-gepufferter Saline (PBS) resuspendiert, erneut zentrifugiert und die Überstände verworfen. Nach Resuspension der gewaschenen Zellen in frischem VM, wurden diese entsprechend der Tab 4-1 ausgedünnt und bei 37°C und 5% CO_2 inkubiert.

Tab 4-1 Parameter zur Kultivierung der Zelllinie K-562

	Zelldichte während Kultivierung [Zellen/ml]	Ausdünnung	nächste Passage nach	max. Zelldichte [Zellen/ml]
K-562	$0,1 - 0,5 \times 10^6$	1 : 2,5 1 : 10 1 : 15	24 h 48 h 72 h	1×10^6

4.1.2 Zellzahlbestimmung

Je 10-20 µl der zu zählenden Zellsuspension wurden steril entnommen und mit dem gleichen Volumen 0,4%igem Trypan Blau gemischt, das zur Bestimmung der Membranintegrität dient (hier verwendet als Surrogat für die Vitalität). Nach Bedarf wurden die Zellen zuvor soweit mit PBS verdünnt, dass nicht mehr als 120 Zellen/Großquadrat zu zählen waren. Eine Neubauer-Zählkammer wurde mit 10 µl des Gemisches befüllt und unter dem Lichtmikroskop ausgezählt. Wenn eine hohe Genauigkeit der Zellzahl erforderlich war (z.B. für den Chromium-Freisetzungstest) wurden grundsätzlich acht Großquadrate ausgezählt. Die Zellzahl/ml wird berechnet aus der mittleren Zellzahl pro Großquadrat x Verdünnungsfaktor x 10^4.

4.1.3 Isolation von mononukleären Zellen des peripheren Blutes (PBMCs)

Spätestens 24 h nach der Entnahme wurden aus Buffy Coats (BC) oder Vollblut (VB) freiwilliger gesunder Blutspender mittels Ficoll-Hypaque™ (Ficoll)-Dichtezentrifugation PBMCs isoliert. Die Bezeichnung „Buffy Coat" beschreibt hier den zellulären Bestandteil einer 500 ml Vollblutspende, der durch Zentrifugation der Spendebeutel von flüssiger (Plasma) und der erythrozytärer Phase des Bluts getrennt wird.
In konischen 50 ml Röhrchen wurden 30 ml des mit PBS verdünnten VB (1:2) oder BC (ca. 1:4) über je 17,5 ml Ficoll geschichtet. Nach 25 min Zentrifugation bei 400 x g, RT und ausgeschalteter Bremse haben sich vier Schichten gebildet.
Erythrozyten und Granulozyten bilden das Pellet und sind überlagert vom Ficoll. Die farblose Interphase über dem Ficoll enthält Lymphozyten sowie einige Monozyten. Diese Zellen stellen die mononukleären Zellen des peripheren Blutes (PBMCs) dar. während das Blutplasma mit den Thrombozyten den Überstand bildet. Nach Absaugen des Plasmaüberstandes wurde die Interphase vorsichtig abgenommen und zwei Mal mit dem fünf- bis sechsfachen Volumen PBS gewaschen. Durch 10 min Zentrifugation bei 110 x g wurden dabei die PBMCs weitgehend von Thrombozyten und Zelldetritus befreit. Die aufgereinigten Zellen wurden gezählt und je nach Bedarf direkt verwendet, kultiviert oder eingefroren.

4.1.4 Kultivierung von PBMCs

Frisch isolierte oder aufgetaute PBMCs wurden vor der Verwendung im Versuch je nach Anforderung bis zu drei Tage in VM bei 37°C und 5% CO_2 inkubiert. Vor Isolation von frischen NK Zellen wurden PBMCs aus BC oder VB isoliert und mind. 2 h, max. über Nacht (ü.N.) in VM bei 37°C und 5% CO_2 inkubiert.

4.1.5 Kryokonservierung von eukaryontischen Zellen

Sowohl die Kryokonservierung von PBMCs aller Spender als auch ihre Rekultivierung erfolgte nach standardisiertem Protokoll. Die uniforme Behandlung der Proben hatte zum Zweck, alle durch die Kryokonservierung bedingten Beeinträchtigungen der Zellaktivität und -vitalität zu minimieren und zu normieren. Zur Kryokonservierung der Zelllinie K-562 wurde nach dem gleichen Protokoll verfahren.

Beim Einfrieren wurden die Zellsuspensionen mit Dimethylsulfoxid (DMSO) versetzt, das die Bildung von Eiskristallen verhindert, welche die Zellen mechanisch zerstören würden. Um Zellstress zu vermeiden, der bei zu schnellem Verfahren durch Schrumpfen bzw. Anschwellen der Zellen verursacht wird, muss das DMSO langsam hinzugefügt bzw. herausgewaschen. Die zelltoxischen Eigenschaften des DMSO erfordern andererseits ein rasches Arbeitstempo bei 4-10°C, um seine Verstoffwechselung zu minimieren. Ein geeignetes Zeitprotokoll zur Konservierung von PBMCs wurde im Rahmen dieser Dissertation ermittelt. Unten stehend sind nur die optimierten Protokolle aufgeführt, die Gegenüberstellung der verschiedenen getesteten Verfahren ist Teil der Ergebnisse.

4.1.5.1 Einfrieren von Zellen

Die Zellen wurden gezählt, bei 250 x g und 4°C für 5 min zentrifugiert und mit 4°C kaltem RPMI 1640 mit 50% FBS (Einfriermedium 1, EM1) auf eine Zelldichte von 40×10^6 PBMCs/ml bzw. 6×10^6 K-562/ml eingestellt. Je 500 µl der Zellsuspensionen wurden in Einfrier-Röhrchen überführt und in zehn 30 sec Schritten mit je 50 µl 4°C kaltem RPMI 1640 mit 20% DMSO (EM2) versetzt. Dadurch ergab sich eine Endkonzentration von 25% FBS und 10% DMSO in RPMI 1640. Die Röhrchen wurden in Einfrier-Boxen (Nalgene) platziert und über Nacht bei -80°C gelagert (Kühlung 1°C/min). Die weitere Lagerung erfolgte in der Gasphase von flüssigem Stickstoff.

4.1.5.2 Auftauen von Zellen

Zum Auftauen wurden die Kryo-Röhrchen im 37°C warmen Wasserbad genau so lange geschwenkt, bis das Eis vollständig geschmolzen war. Die Suspensionen wurden in konische 15 ml Röhrchen überführt und diese auf einem Kühlblock platziert. Das DMSO wurde wie in **Tab 4-2** aufgeführt mit 4°C kaltem VM ausgewaschen. Alle Zentrifugationsschritte erfolgten bei 250 x g und 4°C über 5 min. Die Überstände wurden jeweils verworfen. Nach dem Waschen wurden die Zellen je nach Bedarf in kaltem VM resuspendiert und direkt verwendet oder kultiviert.

Tab 4-2 Zeitschema zum Auftauen von eukaryontischen Zellen.

1. Waschschritt	2. Waschschritt	3. Waschschritt
alle 30 sec 1. 4 x 250 µl VM 2. 8 x 1 ml VM	Zellen in 1 ml VM resuspendieren **alle 20 sec** 9 x 1 ml VM	Zellen in 10 ml VM resuspendieren
6 min	4 min	< 1 min

4.1.6 Isolation von Natürlichen Killer (NK)-Zellen aus PBMCs

Aus frisch präparierten PBMCs wurden mit Hilfe des MACS NK Cell Isolation Kits (Miltenyi) NK-Zellen isoliert. Das Prinzip beruht auf einer negativen Isolation durch Depletion aller nicht-NK-Zellen mittels spezifischer Biotin-markierter Antikörper. Diese Antikörper werden an Streptavidin-gekoppelte magnetische Mikrokügelchen gebunden und das Gemisch über eine Säule mit ferromagnetischer Matrix gegeben, die ihrerseits in einer Magnethalterung platziert wird. Die magnetisierten nicht-NK-Zellen bleiben durch die magnetische Wechselwirkung in der Säule haften, während die unmarkierten NK-Zellen eluiert werden können.

Die PBMCs wurden gezählt, nach Herstellerangaben in MACS-Puffer resuspendiert und mit entsprechender Menge an Antikörper und Magnetkügelchen inkubiert. Die NK-Zellen wurden eluiert und gewaschen. Anschließend wurde der prozentuale Anteil der NK-Zellen im Eluat durchflusszytometrisch bestimmt.

4.1.7 Durchflusszytometrische Messungen

Bei der Durchflusszytometrie werden Zellen anhand von optischen Signalen vermessen. Die in Suspension vorliegenden Zellen werden in hohem Tempo vereinzelt durch eine Messzelle gesaugt. Hier passieren sie einen oder mehrere Laser und verursachen eine Veränderung des Strahlenganges, bzw. bei fluoreszenter Markierung der Zellen, der emittierten Wellenlänge. Dem Laser gegenüber liegende Detektoren registrieren den Anteil des seitlichen Streulichts (*side scatter* = SSC) und dem Licht, das in flachem Winkel gestreut wird (*forward scatter* = FSC). Der SSC ist ein Maß für die Granularität einer Zelle, da intrazelluläre Strukturen das Licht stark streuen. Der FSC-Wert hängt vom Volumen einer Zelle ab, d.h. je größer eine Zelle desto größer ist der Anteil des Vorwärtsstreulichts. Zusätzlich können die Zellen direkt mit Fluoreszenzfarbstoffen angefärbt werden (z.B. zur Bestimmung der Vitalität) oder diese Farbstoffe an Antikörper gekoppelt zur Visualisierung von intrazellulären oder oberflächengebundenen Molekülen verwendet werden. Den Eigenschaften des Farbstoffs entsprechend wird das Licht des/eines Lasers absorbiert und eine charakteristische Wellenlänge emittiert. Durch die Anordnung von Messzelle, verschiedenen Lasern, Filtern und Detektoren im Gerät sowie eine geeignete Computersoftware können heute auf einer Zelle bis zu 16 verschiedene Farben (also Eigenschaften) gleichzeitig untersucht werden. Dabei ist die Kompensation der verwendeten Farbstoffe, d.h. die Berücksichtigung von überlappenden Emissionsspektra, für die Erzeugung eindeutiger Daten unverzichtbar.

Zur Markierung mit primären Antikörpern wurden je 0,2-1 x 10^6 Zellen ein Mal mit 500 µl PBS gewaschen, in 100 µl FACS-Puffer resuspendiert und die (zuvor austitrierten) Antikörper in geeigneter Konzentartion hinzugefügt. Die Inkubation erfolgte für 30-45 min bei 4°C unter Lichtausschluss. Anschließend wurden die Zellen mit 500 µl PBS gwaschen, je nach eingesetzter Zellzahl in 200-400 µl PBS resuspendiert und im Durchflusszytometer gemessen. Für die gleichzeitige Messung von bis zu drei bzw. vier verschiedenen Fluoreszenzfarbstoffen wurde ein FACScan bzw. ein FACSCalibur verwendet. Die Auswertung erfolgte jeweils mit dem Programm „CellquestPro" (BD). Messungen zur gleichzeitigen Detektion von mehr als vier Oberflächenmolekülen wurden am FACSCanto durchgeführt und mithilfe des Programms „FlowJo" (Tree Star, Inc.) ausgewertet.

4.1.8 Chromium-Freisetzungstest (CRA)

Der Chromium-Freisetzungstest (*engl.* ^{51}Cr-relese-assay, CRA) ist seit den 1970er Jahren der „Gold-Standard" zur Bestimmung der zytotoxischen Aktivität von NK-Zellen. Die Zielzellen (Targets) werden mit dem radioaktiven Isotop ^{51}Cr markiert, das über aktive Mechanismen ins Zytosol der Zelle aufgenommen und dort gespeichert wird. Das überschüssige Chromat wird ausgewaschen und die Effektorzellen hinzugefügt. Nach einer Inkubationszeit von 4 h wird die in den Überstand freigesetzte Strahlungsmenge im Gammazählgerät (Wallac) gemessen. Die emittierte Strahlungsmenge ist proportional zu der Zahl der lysierten Zielzellen. Zur Berechnung der prozentualen Lyse werden zusätzlich die maximal mögliche (Zellen mit Detergenz versetzt) und die minimale Lyse (Mediumkontrolle) benötigt:

$$\% \text{ spezifische Lyse} = \frac{\text{cpm (Effektor+Target)} - \text{cpm (minimale Lyse)}}{\text{cpm (maximale Lyse)} - \text{cpm (minimale Lyse)}} \times 100$$

Zur Markierung von 1×10^6 K-562 Zellen wurden diese in ca. 200 µl VM resuspendiert und mit 80 µCi ^{51}Cr für 1,5 – 2 h inkubiert. Während dieser Inkubationszeit wurden die Effektorzellen vorbereitet, d.h. gegebenenfalls aufgetaut, gewaschen, gezählt und die Zellzahl/ml je nach gewünschtem Effektor-zu-Target (E:T)-Verhältnis eingestellt. Die markierten Targets wurden drei Mal mit 5 ml VM bei 300 x g und 5 min gewaschen, in Einweg-Zählkammern gezählt und auf eine Konzentration von 5000 Zellen/100 µl eingestellt. Je 100 µl der aufgetauten PBMC-Proben wurden im E:T-Verhältnis von 80:1 – 40:1 – 20:1 – 10:1 und 5:1 ausplattiert. Für frische PBMCs wurden die Verhältnisse 40:1 – 20:1 – 10:1 – 5:1 und 2,5:1 gewählt und für NK Zellen 20:1 – 10:1 – 5:1 – 2,5:1 und 1,25:1, bei jeweils 100 µl/well. Alle Messungen erfolgten in Dreifachansätzen, wobei Ausreißer in den Triplikaten aus der Berechnung ausgeschlossen wurden. Bei allen ausgewerteten Versuchen lag die maximale Lyse bei mindestens 1000 counts per minute (cpm) und die spontane Freisetzung von ^{51}Cr (= minimale Lyse/maximale Lyse) bei weniger als 6%.

Zur Datenerfassung im CRA wurden in jedem Versuchsdurchlauf gefrorene PBMCs eines Standardspenders mitgeführt. Alle gemessen Werte für die prozentuale Lyse wurden anhand dieses Standards normalisiert. Zur Berücksichtigung der Tag-zu-Tag-Varianz wurde dafür die mittlere prozentuale Lyse aller Versuche verwendet, in denen dieser Standard verwendet wurde. Vor Verbrauch aller Aliquots eines Standards wurden PBMCs aus einer weiteren Blutspende gegen den ersten Standard getestet und der Quotient in die Berechnung zur Standardisierung der folgenden Versuche einbezogen.

Die Erarbeitung und Beschreibung der genauen Vorgehensweise bei der Datenanalyse ist Teil der Ergebnisse (Kapitel 5.1.2).

4.2 Molekularbiologische Methoden

4.2.1 DNA-Extraktion

Aus je 2-5 ml VB bzw. BC wurde nach Herstellerangaben mithilfe des NucleoSpin Blood L oder XL Kits (Macherey-Nagel) genomische Desoxiribonukleinsäure (DNA) extrahiert. Genomische DNA kann aus allen kernhaltigen lebenden oder toten Zellen gewonnen werden. Dazu werden die Zellmembranen durch Detergenzien aufgeschlossen und gleichzeitig zelluläre Proteine durch Proteinase K verdaut. Nach alkoholischer Fällung kann die DNA durch spezifische Bindung an eine immobile Matrix (hier Nitrozellulosefilter) von den übrigen Zellbestandteilen gereinigt und nach Trocknung in wässrige Lösung gebracht werden.
Konzentration und Reinheit der DNA wurden am NanoDrop 1000 (Thermofischer) bestimmt.

4.2.2 Polymerase-Kettenreaktion (PCR)

Bei der klassischen Polymerase-Kettenreaktion (PCR) werden ausgewählte Abschnitte einer DNA-Vorlage mithilfe zweier kurzer komplementärer DNA-Fragmente (Primer) amplifiziert. Dazu werden die temperaturabhängigen Eigenschaften der DNA und der hitzestabilen DNA-Polymerase des Bakteriums Thermus aquaticus (Taq-Polymerase) genutzt. Der Doppelstrang der DNA-Vorlage wird bei 96°C denaturiert, sodass beim Abkühlen die sequenzspezifischen Primer an die nun einzelsträngigen komplementären Abschnitte der Vorlage binden können. Die Bindungstemperatur hängt dabei vom Guanin-Cytosin-Gehalt der Primer ab und liegt in der Regel zwischen 55° und 65°C. Bei ihrer optimalen Arbeitstemperatur von ca. 72°C synthetisiert die Taq-Polymerase ausgehend von den durch Primer und Vorlage gebildeten doppelsträngigen Abschnitten einen zur DNA-Vorlage komplementären Strang. Die mehrfache Wiederholung des Temperaturzyklus führt zu einer vielfachen Amplifizierung der von den Primern eingerahmten DNA-Sequenz. Ihre Lage bestimmt die Größe des amplifizierten Fragments.

4.2.3 KIR-Typisierung „SSO" - Luminexanalyse

Die KIR Gene sind durch hohe Homologie und diverse Duplikations-Muster gekennzeichnet. Für eine hoch auflösende Typisierung sind daher mehrere getrennte Amplifizierungen und anschließende Analysen erforderlich. Der KIR Genotypisierungs-Test von One Lambda umfasst drei spezifische Primersets zur Amplifizierung der KIR-Gene in Exon 3, 5 und 7-9 in einer PCR mit biotinylierten Primern. Die PCR Produkte werden denaturiert und mit komplementären DNA Sonden (*single stranded oligonucleotide probes* = SSO) hybridisiert, die ihrerseits an fluoreszierend markierte Polymerkügelchen (Mikrosphären) gekoppelt sind. Durch Waschen der Mikrosphären werden unspezifisch gebundene DNA-Fragmente entfernt. Anschließend werden die verbliebenen komplementär gebundenen DNA-Fragmente mit R-Phycoerythrin konjugiertem Streptavidin (SAPE) markiert. Die Fluoreszenzintensität der einzelnen Mikrosphären wird an einem Durchflussanalysegerät, dem LABScan^{TM} 100, mit Hilfe des Auswerteprogramms Luminex 100 (Luminex Corporation) gemessen.

Für alle KIR SSO Typisierungen wurde nach Herstellerprotokoll verfahren. Nach Kontrolle der PCR-Produkte durch Gelelektophorese wurden die Produkte bei -20°C gelagert innerhalb eines Monats weiter verwendet.

Die von Luminex 100 als Exel-Tabellen ausgegebenen Rohdaten wurden auf Basis folgender Formel ausgewertet:

$$\% \text{ positiver Wert} = \frac{\text{FI (Sonde n)} - \text{FI (Sonde negativ-Kontrolle)}}{\text{FI (Sonde positiv-Kontrolle)} - \text{FI (Sonde negativ Kontrolle)}} \times 100$$

Dabei war zu beachten, dass der Wert der positiv-Kontrolle oberhalb ihres Grenzwertes lag und die Mikrosphären der negativ-Kontrolle nicht hybridisiert waren. Die Grenzwerte sind jeweils vom Hersteller vorgegeben. Die Berechnung der Fluoreszenzintensitäten der spezifischen Mikrospheren nach o.g. Formel wurde auf Exel basierend automatisiert. Das Vorhandensein eines Gens wurde durch Abgleich mit dem vom Hersteller angegebenen Grenzwert für die jeweilige Mikrosphäre ermittelt.

Den erhaltenen KIR-Gen Mustern wurden mithilfe des „Olitype" Programms die passenden KIR-Haplotyp-Kombinationen zugewiesen. Bei nicht eindeutigen Ergebnissen wurde der SSO Test ein zweites Mal durchgeführt und/oder mit dem KIR Genotyping SSP Kit (Invitrogen) nicht-hochauflösend typisiert.

4.2.4 KIR-Typisierung „SSP"

Die SSP Typisierung basiert auf der Amplifizierung der Zielgene mittels spezifischer DNA-Primerpaare für die PCR. Sie ist nicht-hochauflösend, kann also nicht zwischen verschiedenen Allelen eines Gens unterscheiden. Alle SSP (*sequence specific primer*) - Typisierungen wurden mit dem KIR Genotypisierungs-Test von Invitrogen nach Herstellerangaben durchgeführt. Jede Typisierung besteht aus 21 Reaktionsansätzen für die 20 bestimmten Merkmale und eine Negativkontrolle. Nach gelelektrophoretischer Auftrennung wurde anhand des Bandenmusters und mithilfe eines DNA-Größenmarkers die An- und Abwesenheit der einzelnen Gene bestimmt (Auswertungsbogen siehe Anlage). Die Olitype-Software wurde zum Bestimmen der KIR-Genotypen verwendet.

4.2.5 Gelelektrophorese

Der Erfolg der SSO-PCRs sowie das Ergebnis der SSP-Typisierungen wurden durch Auftrennung der Produkte im 2%igen Agarose-Gel überprüft. Unter Erhitzen wurde die Agarose in TAE-Puffer gelöst und mit 0,25 µg/ml Ethidiumbromid versetzt. Je 5 µl PCR-Produkt wurden mit 1µl 6 x Ladepuffer versetzt und in die Taschen des Gels aufgetragen. Bei einer angelegten Spannung von ca. 60 mV/cm wandern die negativ geladenen Nukleinsäuren in Richtung der Anode und trennen sich durch den Laufwiderstand im Gel ihrer Molekülgröße entsprechend in Banden auf. Das Ethidiumbromid interkaliert mit der DNA und macht die Banden durch fluoreszente Lichtemission unter UV-Licht sichtbar. Als Größenvergleich wurde ein DNA-Größenmarker (Olerup SSP) verwendet (siehe 3.7). Die Gele wurden fotografisch dokumentiert.

4.2.6 HLA-Typisierung

Die HLA Klasse I und II Typisierung wurde im institutseigenen HLA Labor durchgeführt. Für die Typisierung von HLA-A- und -B-Loki wurde nach der *reverse SSO line blot* Methode verfahren, für HLA-DRB1 und -DQB1 nach der *reverse SSO dot blot* Methode. Die HLA-Cw Loki wurden mit dem Dynal Reli SSO HLA-Cw-Test (Produkt-Nr. 850.01) durchgeführt. Zweideutige Allelkombinationen mit häufig vorkommenden Allelen wurden durch zusätzliche Untersuchungen mittels SBT (Atria) oder SSP (Olerup) aufgelöst. Die Auswertung erfolgte mit der Helmberg-Score Software.

4.3 Statistik

Alle statistischen Berechnungen wurden mithilfe des Programms GraphPad Prism 5 durchgeführt. Die Korrelationen zwischen zwei Parametern wurde nach Pearson berechnet, Mittelwert- und Varianzunterschiede mit dem Student's t-Test für gepaarte oder ungepaarte Variablen.

5 Ergebnisse

5.1 Etablierung standardisierter Versuchsbedingungen zur Untersuchung physiologischer NK-Zellaktivität gegen K-562 Zellen

Zentrale Aufgabe der Arbeit war es, *in vitro* die funktionellen Eigenschaften von NK-Zellen innerhalb verschiedener Gruppen von Spendern zu vergleichen. Durch Etablierung standardisierter Versuchsbedingungen sollte eine konstante und dabei möglichst geringe Beeinträchtigung der natürlichen (physiologischen) Zelleigenschaften gewährleistet werden. Dabei ist die Kryokonservierung ist ein gängiger Schritt, denn sie verringert sowohl die logistischen Herausforderungen bei der Beschaffung von Spendermaterial als auch zeitliche und methodische Varianzen zwischen den Versuchstagen. Es galt zunächst, ihren Einfluss auf die Vitalität und zytotoxische Aktivität von NK-Zellen zu überprüfen. Im Chromium-Freisetzungstest (*chromium release assay,* CRA) mit der HLA-Klasse-I-negativen Zelllinie K-562 wurde die zytotoxische Aktivität der auf dieser Grundlage präparierten Zellen gemessen.

Die entwickelten Methoden zur Standardisierung von Zellpräparation, Versuchsdurchführung und Datenanalyse wird im Folgenden beschrieben.

5.1.1 Beeinflussung der NK-Zellaktivität durch Kryokonservierung

5.1.1.1 Optimierung des Kryokonservierungsprotokolls

Durch Optimierung der Kryokonservierungsmethodik sollte die NK-Zell-vermittelte zytotoxische Aktivität frisch isolierter peripherer mononukleärer Blutzellen (PBMCs) so weit wie möglich erhalten werden. Das kontrollierte Hinzufügen und wieder Auswaschen des Standard-Gefrierschutzmittels Dimethylsulfoxid (DMSO) ist dabei entscheidend, da es die Zellen osmotischem Stress aussetzt. Zwei Zeitschemata wurden getestet und die zytotoxische Aktivität der so präparierten Zellen im CRA bestimmt und gegeneinander verglichen. Temperaturen und Medien blieben unverändert und sind in Kapitel 4.1.5 beschrieben.

Das erste Zeitschema („schnell") orientierte sich an der weit verbreiteten Methode des langsamen Hinzutropfens von Einfrier- bzw. Auftaumedium zu der Zellsuspension. Zum Einfrieren wurden die PBMCs in 500 µl Einfriermedium (EM) 1 resuspendiert, unter Schwenken über einen Zeitraum von ca. 30 sec mit dem gleichen Volumen an DMSOhaltigem EM2 versetzt und eingefroren. Beim Auftauen der Zellen wurden zu der gerade eisfreien Suspension über einen Zeitraum von 1 min 10 ml kaltes Vollmedium (VM) unter Schütteln hinzugetropft, gefolgt von zwei Waschschritten mit je 10 ml kaltem VM.

Beim zweiten Zeitschema („langsam") wurden die Zeitspannen verlängert, in denen das DMSO zu den Zellen hinzugefügt bzw. herausverdünnt wurde. Vor dem Einfrieren wurde den in EM1 resuspendierten Zellen das EM2 über einen Zeitraum von 5 min beigemischt. Nach dem Auftauen wurde das DMSO in drei Schritten à 6 min, 4 min und auf einmal zugefügtem kaltem VM heraus gewaschen. Das genaue Zeitschema ist in den Methoden nachzulesen (Kapitel 4.1.5.2).

Zur Gegenüberstellung der beiden Einfrierprotokolle wurden PBMCs des gleichen Spenders „schnell" oder „langsam" eingefroren und nach Inkubation bei -196°C (mind. 1 h) „langsam" aufgetaut. Für den Vergleich von „langsamem" und „schnellem" Auftauprotokoll verfahren wurden Zellen verwendet, die nach dem „langsamen" Protokoll eingefroren worden waren. Anschließend wurden Vitalität und Zytotoxizität der Zellen bestimmt **(Abb 5-1)**. Das schnelle Hinzufügen von DMSO hatte einen signifikant nachteiligen Einfluss auf die Erhaltung der zytotoxischen Funktionalität der NK-Zellen in der PBMC Suspension (**B**; p < 0,001***). Dieser Effekt spiegelte sich nicht in der mittleren prozentualen Vitalität der Zellen wieder, die nach schnellem und langsamem Hinzufügen von DMSO nicht verschieden war (**A**). Beim Auftauen der PBMCs hatte die schnelle Verdünnung des DMSO im Vergleich zum langsamen Waschen einen signifikant nachteiligen Einfluss sowohl auf ihre Vitalität (**C**; p = 0,014*) als auch auf die Funktionalität der NK-Zellen (**D**; p = 0,003**).

Für die Kryokonservierung von PBMC Proben wurden die „langsamen" Zeitschemata zum Einfrieren und Auftauen als ein guter Kompromiss zwischen Erleichterung der logistischen Herausforderungen und bestmöglichen Erhaltung von NK-Zellaktivitäten gewählt.

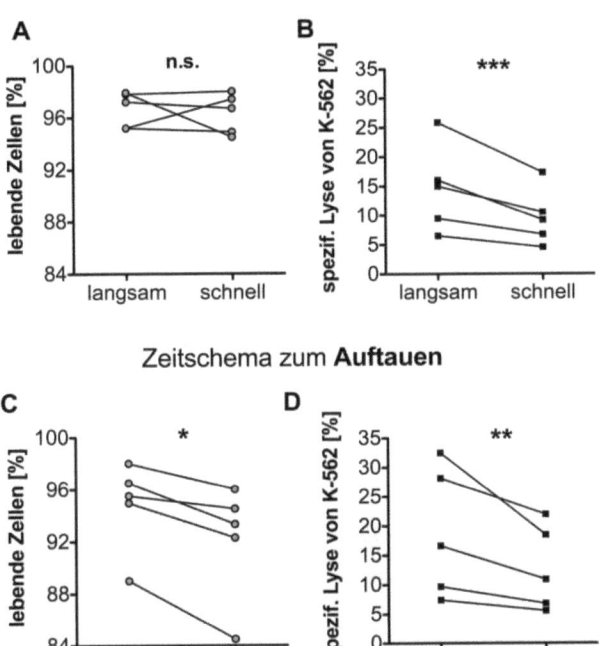

Abb 5-1 Vergleich verschiedener Zeitschemata beim Hinzufügen bzw. Herauswaschen von DMSO zum Einfrieren bzw. Auftauen von PBMCs. Gezeigt ist der Einfluss von „schnellem" und „langsamen" Einfrieren (oben) bzw. Auftauen (unten) auf die Vitalität (**A, C**) und zytotoxische Aktivität (**B, D**) der Zellen. Als Surrogat für die Vitalität galt der Trypan-Blau-Ausschluß. Die Zytotoxizität wurde im standardisierten CRA bestimmt.

5.1.1.2 Vergleichbarkeit der NK-Zellaktivität frischer und kryokonservierter Zellen

Trotz weiter Verbreitung der Kryokonservierung war bisher unbekannt, ob sie einen differenziellen Einfluss auf die Funktionalität von NK-Zellen hat. Durch einen Vergleich der zytotoxischen Aktivität kryokonservierter und frischer Zellen verschiedener Spender sollte überprüft werden, ob ihr individuelles zytotoxisches Potential relativ zueinander erhalten bleibt.

Im CRA wurde die NK-Zell-vermittelte zytotoxische Aktivität bei PBMC-Proben sieben zufällig ausgewählter Spender vor und nach dem Einfrieren (jeweils direkt nach der Präparation) bestimmt (**Abb 5-2**). Wie erwartet war die Aktivität der NK-Zellen nach dem Einfrieren deutlich vermindert gegenüber ihrer Aktivität vor dem Einfrieren (mittlere Abnahme um Faktor 4,35 ± 0,7), die starke Varianz zwischen den Spendern blieb jedoch weitestgehend erhalten. Durch Berechnung nach Pearson ergab sich für die spezifische Lyse vor und nach dem Einfrieren eine Korrelation von r = 0,98 (p < 0,0001). Damit wurde gezeigt, dass relative Unterschiede des zytotoxischen Potentials zwischen verschiedenen NK-Zellproben auch bei Kryokonservierung erhalten bleiben.

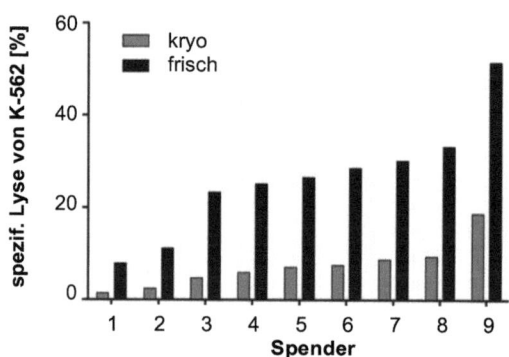

Abb 5-2 NK-Zell-vermittelte zytotoxische Aktivität bei PBMC-Proben vor und nach dem Einfrieren. Die prozentuale Lyse von K-562-Zellen durch kryokonservierte und frische PBMCs freiwilliger gesunder Spender wurde im standardisierten CRA getestet (n = 9, Spenderdaten siehe Anhang).

5.1.1.3 Versuch der Inkubation von aufgetauten Zellen zur Rekonstitution der NK-Zellaktivität

Nachdem gezeigt werden konnte, dass die Kryokonservierung von PBMCs verschiedener Spender ihre NK-Zellaktivität relativ zueinander erhält, sich jedoch im Vergleich zu den frischen Zellen deutlich verringert, wurde untersucht, ob durch Inkubation der aufgetauten PBMCs ihr ursprüngliches Aktivitätslevel wiederhergestellt werden kann.

Dazu wurden die Zellen in einer Dichte von 1×10^6 Zellen/ml Kulturmedium für 3, 16 und 24 h bei 37°C und 5% CO_2 inkubiert. Die NK-Zellaktivität von inkubierten sowie frisch aufgetauten PBMCs des jeweils gleichen Spenders wurde im CRA gemessen (**Abb 5-3**). Durch Inkubation der PBMC-Proben konnte die NK-Zellaktivität nach dem Auftauen deutlich gesteigert werden. Der relative Anstieg war innerhalb der Testgruppe jedoch bei keiner der getesteten Inkubationszeiten proportional zum Ausgangswert (t = 0 h), d.h. durch

Inkubation wurde die Aktivität der NK-Zellen verschiedener Spender relativ zueinander verfälscht. Somit wurde die Möglichkeit einer Inkubation zur Wiederherstellung der NK-Zellaktivität nach Kryokonservierung verworfen. Für alle weiteren Versuche wurden frische oder direkt aufgetaute PBMC-Proben verwendet.

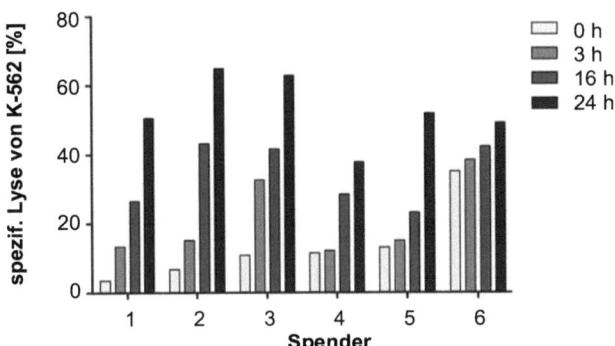

Abb 5-3 NK-Zell-vermittelte zytotoxische Aktivität bei aufgetauten PBMC-Proben vor und nach Inkubation. Kryokonservierte PBMCs zufälliger gesunder Spender (n = 6; je drei Spender aus Gruppe 1 und 3, siehe **Tab 5-2**) wurden für 0, 3, 16 oder 24 h bei 37°C und 5%CO_2 in VM inkubiert und ihre lytische Kapazität gegenüber K-562-Zellen im standardisierten CRA getestet. Gezeigt ist die prozentuale Lyse von K-562 bei einem E:T-Verhältnis von 100:1 (berechnet auf den Standard, siehe 5.1.2).

5.1.2 Entwicklung eines Analyseverfahrens für CRA-Daten – Standardisierung und Normalisierung

Um einzelne Versuchsdurchläufe miteinander vergleichbar zu machen, wurde eine Methode zur Standardisierung der Datenerfassung und -analyse erarbeitet.

Die Standardisierung bei der Datenerfassung im CRA wurde bereits in den Methoden beschrieben (Kapitel 4.1.8). Bei der Analyse der Daten musste berücksichtigt werden, dass die Größe der NK-Zellpopulation zwischen den Individuen stark schwankt. Im Normalfall beträgt der Anteil der NK-Zellen innerhalb der Lymphozytenpopulation 2 - 15%, bei einzelnen Individuen konnten im Rahmen der vorliegenden Arbeit jedoch bis zu 48% NK-Zellen beobachtet werden.

Die jeweils berechnete spezifische Lyse von K-562 wurde im Graphen für die Punkte der Effektor zu Target (E:T)-Verdünnungsreihe aufgetragen und eine logarithmische Regressionsgerade eingefügt (**Abb 5-4**).

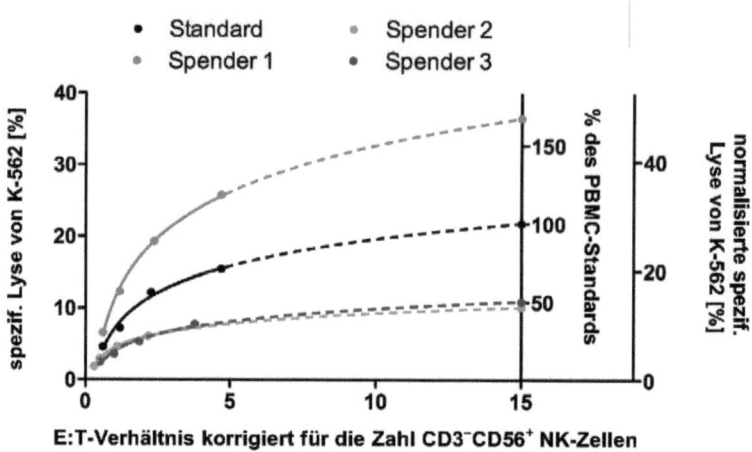

Abb 5-4 Graphische Darstellung der extrapolierten Messdatenreihen aus einem CRA. Anhand der Werte der spezifischen Lyse in den getesteten Effektor-Target (E:T) -Verhältnissen wurde für jeden Spender eine logarithmische Regressionskurve erstellt (durchgezogene Linie). Durch Einsetzen des E:T-Wertes 15 in die jeweilige Kurvengleichung wurden die Messdaten auf das Niveau der maximal möglichen Lyse (Plateau-Phase) extrapoliert (gestrichelte Linie).

In der Plateau-Phase der Kurve ist die maximal mögliche prozentuale Lyse von K-562 durch die Spenderzellen erreicht. Mithilfe der Kurvengleichung wurden die Messwerte auf diesen Bereich extrapoliert. Dafür wurde für alle Proben in allen Versuchen das für den Anteil $CD3^-CD56^+$ NK-Zellen korrigierte E:T-Verhältnis von 15:1 gewählt (NK-Zellen:K-562).

Nach Abschluss einer Versuchsreihe wurde der im jeweiligen Versuchsdurchlauf für den Standard berechnete Lysewert gleich der mittleren prozentualen Lyse aus allen Versuchsdurchläufen ($n \geq 10$) gesetzt und als Normalisierungs-Standard verwendet. Mit dieser Analysemethode wurden Fehlerkorrekturen für NK-Zellanteil und versuchsbedingte Abweichungen sowie eine hohe Reproduzierbarkeit der Werte gewährleistet (**Tab 5-1**).

Tab 5-1 Reproduzierbarkeit der Messungen mit PBMC-Proben im standardisierten CRA. Die lytische Aktivität der Spender-Zellen wurde in bis zu vier unabhängigen Versuchen gemessen. Die angezeigten Werte für die spezifische Lyse von K-562 wurden nach der hier beschriebenen Methode zur Normalisierung berechnet (n = 29).

BC	Lyse1 [%]	Lyse2 [%]	Lyse3 [%]	Lyse4 [%]	Mittelw. [%]	StAbw
1	5,42	6,10			5,76	0,48
3	24,07	24,15			24,11	0,05
5	18,10	21,76	23,98		21,28	2,97
6	18,92	18,31			18,62	0,43
7	15,31	13,83			14,57	1,05
8	10,40	11,61			11,01	0,85
9	6,65				6,65	-
13	12,24	13,61			12,92	0,97
15	15,40	16,55			15,98	0,81
16	17,82	18,19	17,16		17,72	0,52
17	20,20	19,09	18,49		19,26	0,87
18	16,91	13,36			15,13	2,51
19	30,38	29,21			29,79	0,83
22	14,77	17,22			16,00	1,74
23	12,44	12,14	13,97		12,85	0,98
24	1,24	1,82	2,26		1,77	0,51
26	7,06	9,51	10,35	8,81	8,93	1,39
27	16,89	15,15			16,02	1,23
28	6,14				6,14	-
31	7,51	5,94			6,73	1,11
35	13,78	12,30	14,41		13,50	1,08
37	3,81				3,81	-
38	4,25	8,47			6,36	2,98
40	13,19	13,99	15,35		14,18	1,09
41	9,66	9,39			9,53	0,19
42	17,41	18,69	17,96		18,02	0,64
44	14,05	11,07			12,56	2,10
45	12,23	14,80			13,52	1,82
46	3,85	4,93			4,39	0,76

5.1.3 Verifizierung der NK-Zellspezifität des Versuchs- und Analyseverfahrens

Da in den Zytotoxizitätsversuchen HLA-Klasse-I-negative K-562-Zellen als Targets verwendet wurden, war davon auszugehen, dass die Lyse dieser Zellen ausschließlich auf die in den PBMCs enthaltenen NK-Zellen zurückzuführen ist. Damit in den folgenden Versuchen keine unspezifischen Effekte dargestellt wurden, war eine Verifizierung dieser Hypothese notwendig.

5.1.3.1 Vergleich des zytotoxischen Potentials von PBMCs und isolierten NK-Zellen

Durch Untersuchung der zytotoxischen Aktivität von frisch aus Buffycoats (BC) oder Vollblut (VB) präparierten PBMCs sowie daraus isolierten NK-Zellen sollte die Möglichkeit unspezifischer Einflüsse sowohl durch nicht-NK-Zellpopulationen als auch durch variierende NK-Zellanteile überprüft werden. Der NK-Zellanteil in den PBMCs betrug zwischen 8 und 40% der Lymphozyten, nach der negativen NK-Zellisolation zwischen 87 und 95%. **Abb 5-5** zeigt trotz sehr unterschiedlicher NK-Zellanteile im Ausgangsmaterial (**B**) deutlich eine Korrelation zwischen der lytischen Aktivität von PBMCs und NK-Zellisolat desselben Spenders (**C**), wenn auch der Probenumfang nicht für eine Signifikanzanalyse ausreichte.

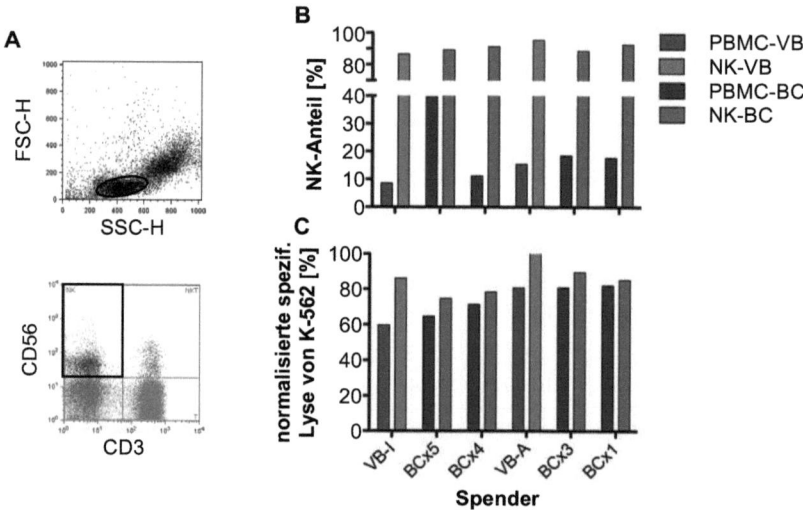

Abb 5-5 Gegenüberstellung der zytotoxischen Aktivität von PBMC-Proben und daraus isolierten NK-Zellen. PBMCs (dunkle Balken) und NK-Zellen (helle Balken) wurden aus frischem VB (rote Balken) oder BC (graue Balken) von zufällig ausgewählten gesunden Spendern isoliert (Spenderdaten siehe Anahang). Der prozentuale NK-Zell-Anteil (CD3$^-$CD56$^+$) in den Zellproben wurde durchflusszytometrisch bestimmt (**A**) und als Anteil der Lymphozytenpopulation dargestellt (**B**). **C** Die spezifische Lyse von K-562 wurde im CRA gemessen und auf das E:T-Verhältnis 15:1 normalisiert (siehe Methoden 5.1.2).

Interessanter Weise bestand diese Korrelation jeweils zwischen den Spendern innerhalb der VB- (rote Balken) und BC-Gruppe (graue Balken), jedoch nicht zwischen den Spendern der verschiedenen Gruppen. In der BC-Gruppe war die K-562-Lyse durch NK-Zellisolation im Mittel um Faktor 1,1 ± 0,05 höher, in der VB-Gruppe lag der Unterschied bei Faktor 1,3 ± 0,1.

5.1.3.2 Korrelation der prozentualen Lyse mit PBMC-Subpopulationen

Um die Ergebnisse aus 5.1.3.1 abzusichern, wurde durch lineare Regression die Korrelation zwischen der prozentualen Lyse (vor NK-Zell-Korrektur) und der T-, NKT-, „Rest"- sowie NK-Zellpopulation berechnet (n = 28). Die $CD3^-CD56^-$ Population, die im Folgenden als „Rest" bezeichnet wird, enthält vor allem B-Zellen, aber auch Monozyten und einige nicht klassifizierbare Lymphozyten (**Abb 5-6**).

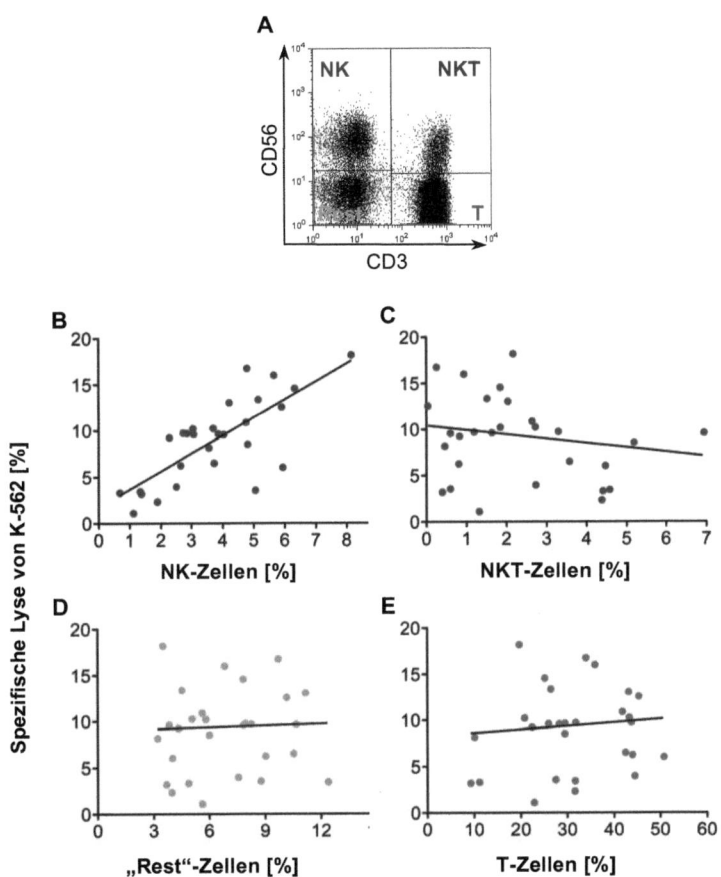

Abb 5-6 Korrelation zwischen der prozentualen K-562-Lyse und dem Anteil der vier großen Lymphozytenpopulationen bei PBMCs von 28 gesunden Spendern. Alle Spender gehörten zur HLA-C1 homozygoten Gruppe 1 (**Tab 5-2**). Die prozentuale Lyse von K-562 Zellen wurde im CRA gemessen und normalisiert. **A** Dot-Plot von PBMCs nach Färbung mit CD3- und CD56-Antikörpern im Bezug auf lebende Lymphozyten. Die prozentualen Anteile von NK- (**B**), NKT- (**C**), „Rest"- (**D**) und T-Zellen (**E**) wurden gegen die Lyse aufgetragen und die Pearson-Korrelation berechnet. Die spezifische Lyse wurde auf das Verhältnis von 100:1 (PBMC : K-562) extrapoliert und standardisiert.

Ein direkter Zusammenhang zwischen K-562-Lyse und Populationsgröße bestand nur für die NK-Zellpopulation (**B**; r^2 = 0,75; p < 0,0001), während weder T- noch NKT- oder „Rest"-Zellen Einfluss auf die Lyse von K-562-Zellen hatten (**C-E**).

5.1.4 Zusammenfassung

Es wurde ein Konservierungsverfahren für PBMC-Proben erarbeitet, mit dessen Hilfe die NK-Zellaktivität bestmöglich erhalten werden kann. Nach diesem Verfahren kryokonservierte PBMCs ermöglichen unter geringem logistischem Aufwand einen Vergleich der zytotoxischen NK-Zellaktivität innerhalb einer großen Gruppe von Spendern, ohne die natürliche, zwischen den Individuen stark variierende NK-Zellaktivität relativ zueinander zu verfälschen.

Mittels Extrapolation der Messdaten wurde ein Analyseverfahren entwickelt, mit dessen Hilfe der standardisierte CRA zum relativen Vergleich der zytotoxischen NK-Zellaktivität verschiedener Spender verwendet werden kann. Durch unabhängige Experimente konnte bestätigt werden, dass bei diesem Analyseverfahren auch ganze PBMC-Suspensionen statt isolierter NK-Zellen verwendet werden können – trotz der starken individuellen Varianz des NK-Zellanteils.

Mit diesem Test- und Analyse-Verfahren wurde die Grundlage geschaffen zur Bearbeitung der zentralen Fragestellungen dieser Arbeit.

5.2 Untersuchung des Einflusses von KIR und HLA-Klasse I auf die zytotoxische Aktivität von NK-Zellen

Zur *in vitro* Untersuchung eines möglichen Effekts des KIR-Genotyps auf das zytotoxische Potential von NK-Zellen wurden anhand der institutsinternen Blutspender-Datei Buffycoats von drei Gruppen HLA-A, -B und -Cw-identischer (oder ähnlicher) sowie zufällig ausgewählter HLA-divergenter Spender gesammelt (**Tab 5-2**).

Die Auswahl der HLA-Allele in den HLA-identischen Gruppen richtete sich ausschließlich nach der Verfügbarkeit von Spendern, also nach der Häufigkeit bestimmter Allel-Kombinationen in der kaukasischen Bevölkerung. Die in den Gruppen vertretenen KIR-Genotypen sind in **Tab 5-3** aufgeführt.

Das mittlere Spenderalter innerhalb der Gruppen lag jeweils zwischen 45 und 48 Jahren und hatte keinen Einfluss auf die NK-Zellzytotoxizität.

Tab 5-2 Spendergruppen mit Verteilung von KIR-Genotyp und HLA-Klasse-I-Mustern

Gruppe 1: C1

HLA-A	HLA-B	HLA-Cw	KIR-AA	KIR-AB	KIR-BB	n
01	08	07	5	6	2	13
01;02	07;08	07	1	2	1	4
01	07;08	07	1	1	1	3
01;02	07	07	1	2	-	3
01;02	08	07	-	2	-	2
02	08	07	1	1	-	2
02	07	07	-	1	-	1
		n	9	15	4	**28**

Gruppe 2: C1/Bw4

HLA-A	HLA-B	HLA-Cw	KIR-AA	KIR-AB	KIR-BB	n
01/29	08/44	07/16	4	1	1	**6**

Gruppe 3: C1/C2/Bw4

HLA-A	HLA-B	HLA-Cw	KIR-AA	KIR-AB	KIR-BB	n
02	15;44	03;05	4	2	3	9
02	15;44	03	-	1	-	1
02	15;44	03;16	-	1	-	1
		n	4	4	3	**11**

Gruppe 4: C1(Bw4)

HLA-A	HLA-B	HLA-Cw	KIR-AA	KIR-AB	KIR-BB	n
hoch	divers		6	5	6	**17**

Gruppe 5: C1/C2(Bw4)

HLA-A	HLA-B	HLA-Cw	KIR-AA	KIR-AB	KIR-BB	n
hoch	divers		7	5	8	**20**

Gruppe 6: C2(Bw4)

HLA-A	HLA-B	HLA-Cw	KIR-AA	KIR-AB	KIR-BB	n
hoch	divers		11	14	8	**33**

Tab 5-3 KIR-Genotyp-Verteilung bei den Spendern der sechs Gruppen aus Tab 5-2

Haplotyp		2DL1	2DL2	2DL3	2DL4	2DL5	2DS1	2DS2	2DS3	2DS4	2DS5	3DL1	3DL2	3DL3	3DS1	3DP1	2DP1	1	2	3	4	5	6	n
A	A	+	-	+	+	-	-	-	-	+	-	+	+	+	-	+	+	9	4	4	6	2	5	41
A	B1	+	+	+	+	+	+	+	+	+	-	+	+	+	-	+	+	6	1	3	1	2	5	18
A	B2	+	+	+	+	+	+	+	+	+	+	+	+	+	+	+	+	2			2		5	9
A	B3	+	+	+	+	+	+	+	+	+	-	+	+	+	+	+	+	3						3
A	B4	+	+	+	+	-	-	+	+	+	-	+	+	+	-	+	+	1		1	1		1	4
A	B5	+	+	+	+	+	+	+	-	+	-	+	+	+	-	+	+			1				1
A	B6	+	-	+	+	+	+	-	+	+	+	+	+	+	+	+	+				1	3	3	8
A	B9	+	+	+	+	-	-	+	+	+	+	+	+	+	-	+	+	2						2
B?	B?	+	-	-	+	+	+	+	+	+	+	+	+	+	+	+	-					1		1
B?	B1	-	+	+	+	+	+	+	+	+	-	+	+	+	+	+	+				1	1	2	4
B1	B4	+	+	+	+	+	+	+	+	+	-	+	+	+	-	+	+					1	1	2
B1	B6	+	+	+	+	+	+	+	+	+	+	+	+	+	+	+	+	1			3	1	2	7
B2	B3	+	+	+	+	+	+	-	+	+	-	+	+	+	+	+	+					1		1
B2	B6	+	+	+	+	+	+	+	+	+	+	+	+	+	+	+	+	1			1		2	4
B2	B9	+	+	+	+	+	+	+	+	+	+	+	+	+	-	+	+					1		1
B2	B10	+	+	-	+	+	+	+	+	+	+	+	+	+	+	+	+		1	1	1		1	4
B3	B3	+	+	+	+	+	+	+	+	+	-	+	+	+	+	+	+			1				1
B4	B4	+	+	-	+	+	+	+	+	+	-	+	+	+	-	+	+				1			1
B4	B6	+	+	+	+	+	+	+	+	+	+	+	+	+	+	+	+					1	1	2
B6	B6	+	-	+	+	+	+	+	+	+	+	+	+	+	-	+	+						1	1
																	n	28	6	11	17	20	33	115

53

5.2.1 Einfluss des KIR-Genotyps auf die Zytotoxizität von NK-Zellen bei HLA-identischen Spendern

Die HLA-A, -B und -Cw-Identität von Spendern sollte gewährleisten, dass die NK-Zellen innerhalb einer Gruppe weitestgehend gleichen Lizenzierungs-Bedingungen unterlagen. Mithilfe dieser Spender sollten mögliche KIR-Effekte unabhängig vom HLA-Klasse I Hintergrund untersucht werden können.

Die drei zusammengetragenen Gruppen umfassten 28 Spender mit homozygotem HLA-C1-Liganden (Gruppe 1), sechs Spender mit zusätzlichem HLA-Bw4-Epitop (Gruppe 2) sowie 11 heterozygote Spender mit HLA-C1/C2/Bw4 (Gruppe 3). Leider war es nur bei Gruppe 1 möglich, eine ausreichend große Zahl von Spendern zu erlangen. HLA-Klasse I identische Spender mit homozygotem C2-Liganden standen anhand unserer Datenbank nicht zur Verfügung.

Durch Sortierung der Spender nach dem KIR-Genotyp konnte teilweise eine signifikante, jedoch zwischen den Gruppen divergente Korrelation zwischen der lytischen Aktivität von NK-Zellen und ihrem KIR-Genotyp festgestellt werden (**Abb 5-7**). Bei HLA-C1 homozygoten Spendern (**A**) war das größte zytotoxische Potential assoziiert mit KIR-Genotyp AA (14,8 ± 1,5%; n = 9) mit geringem Abfall zu KIR-AB- (12,9 ± 1,5%; n = 15) und signifikant schwächster Aktivität bei KIR-BB-Spendern (5,2 ± 0,7%; n = 4; p = 0,002** bzw. 0,02*). Dieser Trend setzte sich in den HLA-C1/Bw4-Spendern fort (**B**), war jedoch aufgrund der kleinen Fallzahl nicht signifikant.

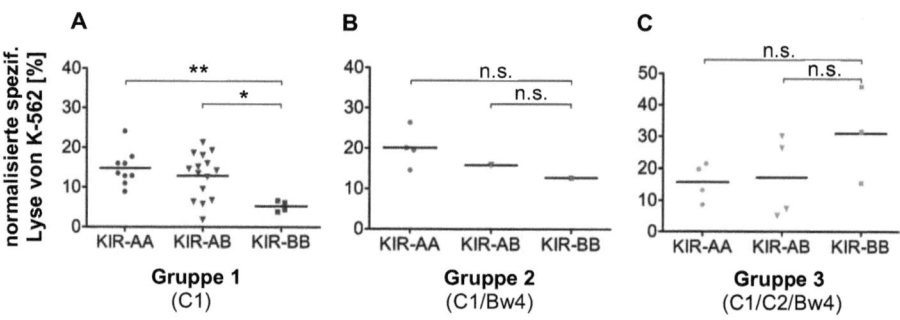

Abb 5-7 Spezifische Lyse von K-562 Zellen bei HLA-Klasse-I-identischen Spendern mit KIR-Genotyp AA, AB oder BB. Die Spender waren positiv für die KIR-Liganden HLA-C1 (**A**) HLA-C1/Bw4 (**B**) oder HLA-C1/C2/Bw4 (**C**). Die Verteilung von HLA- und KIR-Merkmalen der Spender ist in **Tab 5-2** aufgeführt.

Interessanter Weise war in Gruppe 3 ein umgekehrter Trend zu beobachten (**C**): KIR-Genotyp BB war hier mit der stärksten lytischen Aktivität assoziiert (31 ± 8,8%; n = 3) während KIR-AA Spender die schwächsten NK-Zellen entwickelten (15,8 ± 3%; n = 4). Durch die geringe Fallzahl und breite Streuung der Werte konnte auch hier kein signifikantes Ergebnis erzielt werden.

5.2.2 Einfluss des KIR-Genotyps auf die Zytotoxizität von NK-Zellen bei HLA-differenten Spendern

Nachdem bei HLA-identischen Spendern ein deutlicher, wenn auch differenzieller KIR-Genotyp-Effekt gezeigt werden konnte, sollte überprüft werden, ob ein solcher Effekt auch bei HLA-Klasse-I-Differenz (Gruppe 4-6, **Tab 5-2**) bestand. Die Spender hatten homozygoten HLA-C1 bzw. -C2 oder heterozygoten HLA-C1/C2 Hintergrund, jeweils vertreten durch diverse HLA-Cw-Allele. Das HLA-Bw4-Epitop war bei der Mehrzahl der Spender vorhanden.Anders als bei den HLA-identischen Spendern konnte hier trotz ausreichenden Probenumfangs in keiner der Gruppen eine signifikante Korrelation zwischen Zytotoxizität und KIR-Genotyp der NK-Zellen festgestellt werden (**Abb 5-8**), wenn auch in allen Gruppen leichte Trends zu beobachten waren.

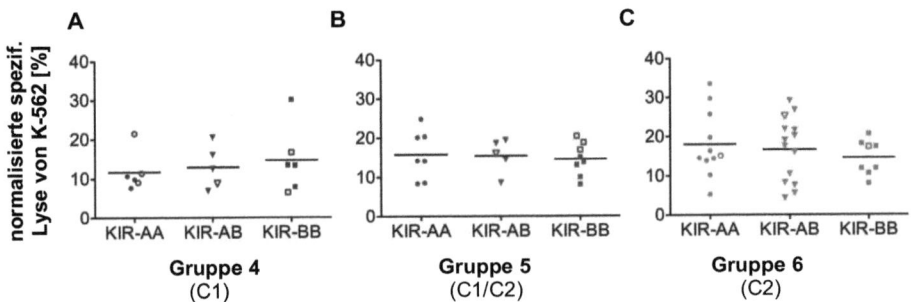

Abb 5-8 Spezifische Lyse von K-562 Zellen bei HLA-Klasse-I-differenten Spendern mit KIR-Genotyp AA, AB oder BB. Die Spender waren positiv für die KIR-Liganden HLA-C1 (**A**) HLA-C1/C2 (**B**) oder HLA-C2 (**C**). Das HLA-Bw4-Epitop war bei 81% der Spender vorhanden (ausgefüllte Symbole), alle übrigen Spender waren Bw4-negativ (unausgefüllte Symbole). Die Verteilung von HLA- und KIR-Merkmalen der Spender ist in **Tab 5-2** aufgeführt.

Diese Trends verliefen bei den HLA-C1-homozygoten Gruppen 1 und 4 sowie den HLA-C1/C2-heterozygoten Gruppen 3 und 5, also bei HLA-Identität im Vergleich zu HLA-

Differenz in gegensätzliche Richtung (vgl. Abb 5-7 A versus Abb 5-8 A sowie Abb 5-7 C versus Abb 5-8 B).

5.2.3 Zytotoxizität von NK-Zellen mit verschiedenem HLA-Liganden-Hintergrund

Die Daten aus 5.2.1 und 5.2.2 ließen darauf schließen, dass der HLA-Hintergrund der Spender die Zytotoxizität ihrer NK-Zellen stark beeinflusst. Hier sollte nun überprüft werden, ob die Anzahl der codierten HLA-Liganden-Epitope sowie weitere allelische HLA-Klasse-I-Unterschiede bei gleicher HLA-C1/C2/Bw4-Ausstattung einen Einfluss auf die NK-Zellzytotoxizität ausübt.

5.2.3.1 Einfluss der HLA-Liganden-Ausstattung auf die Zytotoxizität von NK-Zellen

Beim Vergleich der Spendergruppen 1-3 konnte ein Trend in Richtung steigender NK-Zellzytotoxizität bei wachsender Anzahl der codierten HLA-Liganden festgestellt werden (**Abb 5-9 A**). NK-Zellen von Spendern mit homozygotem HLA-C1 hatten die geringste Zytotoxizität (12,4 ± 1,1% Lyse). Ein zusätzlicher HLA-Bw4-Ligand bewirkte eine Steigerung um 5,8 ± 2,5% (p = 0,03*) bei Spendern mit voller HLA-C1/C2/Bw4 Ausstattung war die Lyse um 8,1 ± 2,9% höher (p = 0,008**).

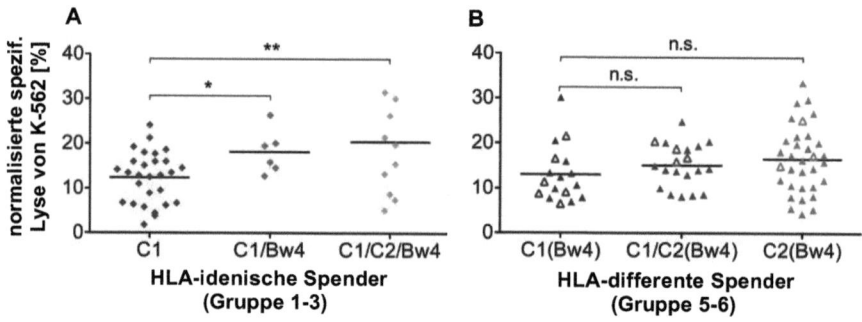

Abb 5-9 Spezifische Lyse von K-562 Zellen bei Spendern mit unterschiedlicher KIR-Liganden Ausstattung. Die Spender waren HLA-Klasse I identisch (**A**) oder different (**B**). Die HLA-differenten Gruppen waren zusammengesetzt aus HLA-Bw4-positiven (ausgefüllte Symbole) -negativen (unausgefüllte Symbole) Spendern. Die Verteilung von HLA- und KIR-Merkmalen der Spender ist in **Tab 5-2** aufgeführt.

Im Vergleich dazu konnte bei den HLA-differenten Spendern (**B**) kein Zusammenhang zwischen Zytotöxizität und HLA-Liganden-Hintergrund festgestellt werden. Nur ein leichter

Trend ließ eine Begünstigung des zytotoxischen Potentials durch einen HLA-C2- gegenüber einem -C1-Hintergrund vermuten. Die lytische Aktivität der HLA-Bw4-negativen NK-Zellen (nicht ausgefüllte Dreiecke) war nicht signifikant verschieden von derjenigen der Bw4-positiven Spender, lag jedoch in der C1/C2-Gruppe im oberen Bereich der NK-Zell-Aktivität.

5.2.3.2 Einfluss von allelischer HLA-A- und -B-Differenz auf die zytotoxische Aktivität von NK-Zellen

Wie in Abschnitt 5.2.1 und 5.2.2 gezeigt wurde, war ein KIR-Genotyp-Effekt nur bei denjenigen Spendern zu sehen, die in allen drei HLA-Klasse-I-Loki (A, B und Cw) übereinstimmten. Der Effekt war also abhängig vom HLA-Klasse-I-Polymorphismus.

Durch weitere Auftrennung der Spender aus Gruppe 1 (die nicht vollständig HLA-identisch sondern eine Zusammenstellung aus HLA-A01 und 02 sowie HLA-B07 und 08 homo- und heterozygoten Spendern war) sollte überprüft werden, ob die allelische Varianz im HLA-A- und B-Lokus relevant ist für die Ausprägung des KIR-Genotyp-Effekts. Da keins dieser HLA-A- oder -B-Allele das HLA-Bw4-Epitop trägt, wäre ihre Beteiligung an einem KIR-Genotyp-abhängigen Effekt auf das zytotoxische Potential von NK-Zellen nicht zu erwarten.

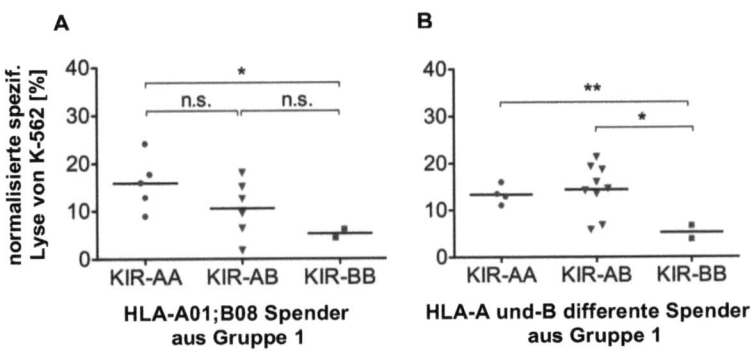

Abb 5-10 Spezifische Lyse von K-562 Zellen bei Spendern mit homo- und heterozygoten HLA-A- und -B-Allelen. Die Spender waren homozygot for HLA-Cw07 und homozygot für HLA-A01 und -B08 (**A**) oder heterozygot für HLA-A01/02 und -B07/08 (**B**). Verteilung von HLA- und KIR-Merkmalen der Spender ist in **Tab 5-2** aufgeführt.

Bei Spendern mit vollkommen identischem HLA-A und -B bestand dieser These entsprechend eine ähnliche Korrelation zwischen Zytotoxizität und KIR-Genotyp wie bei der aus HLA-A und -B-identen und -differenten Spendern gemischten Gruppe 1 (**Abb 5-10 A** versus Abb 5-7 A). Die Spender mit KIR-Genotyp AA hatten die signifikant höchste Zytotoxizität (15,9 ± 2,5% Lyse; p = 0,01*), gefolgt von KIR-AB Spendern mit 10,6 ± 2,4% Lyse und geringster NK-Zellaktivität bei KIR-BB-Spendern (5,3 ± 0,9% Lyse) (**A**). Bei den übrigen Spendern der Gruppe 1 (nicht homozygot für HLA-A01 und -B08) war ebenfalls KIR-Genotyp BB mit der signifikant geringsten zytotoxischen NK-Zellaktivität korreliert (**B**; p = 0,009** bzw. 0,02*).

Variante Bw4-negative HLA-A- und -B-Allele schienen keine Relevanz für die Ausprägung des KIR-Genotyp-Effekts zu haben.

5.2.4 Einfluss der KIR-Expression auf die Zytotoxizität der gesamt-NK-Zellpopulation

In der Vergangenheit konnte mithilfe durchflusszytometrischer Untersuchungen gezeigt werden, dass NK-Zellsubpopulationen mit verschiedenen KIR-Expressionsmustern (abhängig vom HLA-Klasse-I-Hintergrund) ein zytotoxisches Potential unterschiedlicher Stärke ausbilden.

Die gezeigten Daten belegen, dass auch bei völliger genetischer KIR- und HLA-Identität (KIR-AA-Spender aus Gruppe 1-3) eine erhebliche Varianz der zytotoxischen Aktivität der gesamt-NK-Zellpopulation besteht. Es stellte sich die Frage, ob diese Varianz durch die Expression einzelner KIRs bzw. ihrer Verteilung in der NK-Zellpopulation bestimmt ist. Bei C1-homozygoten Spendern beispielsweise wäre ein Einfluss durch die Expression der C1-spezifischen Rezeptoren KIR2DL2 und KIR2DL3 denkbar.

In **Abb 5-11** sind exemplarisch die Dot-Plots eines Spenders nach Färbung der PBMCs mit Antikörpern gegen CD3, CD56 und je einen der KIRs dargestellt (**A**). Die im CRA bestimmte zytotoxische Aktivität (**B**) ist dem durchflusszytometrisch bestimmten Anteil der KIR-positiven NK-Zellen bei den jeweiligen Spendern gegenübergestellt (**C**). In die Untersuchung wurden nur Spender aus Gruppe 1 mit KIR-Genotyp AA einbezogen. Für keinen der untersuchten KIRs bestand ein Zusammenhang zwischen seiner Expression auf NK-Zellen und der zytotoxischen Aktivität der gesamt-NK-Zellpopulation. Auch bei keiner anderen Spendergruppe konnte ein solcher Zusammenhang gefunden werden (Daten nicht gezeigt.)

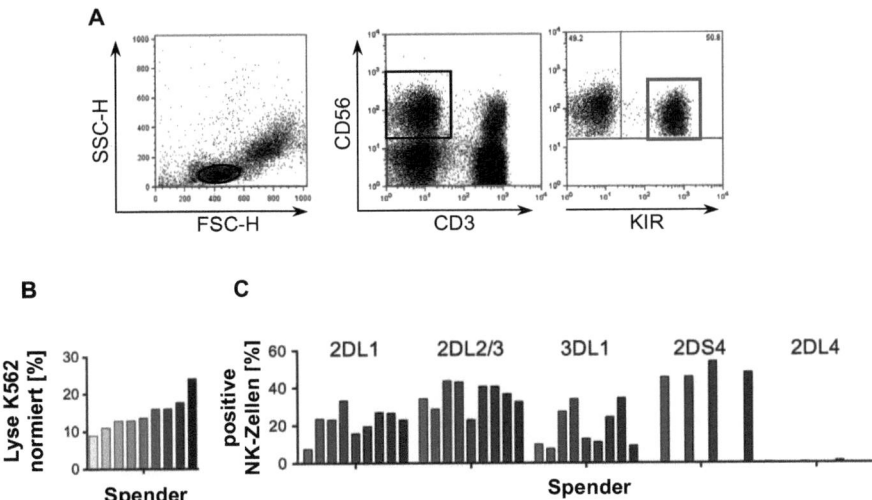

Abb 5-11 Korrelation zwischen der Expression verschiedner KIRs und der zytotoxischen Aktivität von NK-Zellen. Die PBMCs von neun KIR-AA Spendern wurden mit Antikörpern gegen CD3 und CD56 sowie fünf verschiedene KIRs gefärbt und durchflusszytometrisch vermessen. **A** Dot-Plots der Analyse eines expemplarischen Spenders. **B** Im CRA bestimmte zytotoxische NK-Zell-Aktivität der acht Spender. **C** Der prozentuale Anteil der NK-Zellen, die KIR2DL1, 2DL2/3 oder 3DL1 sowie 2DS4 oder 2DL4 exprimierten wurde graphisch gegen die prozentuale Lyse von K-562 durch die Zellen des jeweiligen Spenders aufgetragen. Die Daten in B und C sind nach aufsteigender Zytotoxizität der NK-Zellen des jeweiligen Spenders sortiert, gekennzeichnet durch dunkler werdende Balken.

5.2.5 Zusammenfassung

Es konnte einerseits gezeigt werden, dass der KIR-Genotyp einen signifikanten Effekt auf das zytotoxische Potential von NK-Zellen hat, dass dieser Effekt jedoch andererseits stark abhängig ist vom HLA-Klasse-I-Hintergrund. Die Ausprägung des KIR-Genotyp-Effekts wird dabei nicht nur durch die Kombination der exprimierten KIR-Liganden HLA-C1, -C2 und (untergeordnet) -Bw4 gesteuert sondern auch durch die allelische Variation der in diesen Epitop-Gruppen zusammengefassten HLA-A, -B und/oder Cw-Moleküle. Das Expressionsmuser einzelner KIRs schien keinen Effekt auf die zytotoxische Aktivität der gesamt-NK-Zellpopulation zu haben.

Insgesamt deuten die Beobachtungen darauf hin, dass die Ausbildung des zytotoxischen Potentials von NK-Zellen durch die Wechselwirkung von KIRs mit ihren HLA-Liganden weit komplexer ist, als bisher angenommen wurde. Nicht die Expression einzelner KIRs sondern sowohl ihre Kombination untereinander als auch die Kombination von KIR-Genotyp und HLA-Klasse I Hintergrund scheinen das effektive Potential der zytotoxischen NK-Zellpopulation zu bestimmen.

5.3 Untersuchung der Expressionsmuster von Oberflächenmarkern zur Identifizierung von Zellpopulationen mit NK-Zell-regulatorischem Potential

Im Laufe der Untersuchungen wurde zunehmend deutlich, dass das zytotoxische Potential von NK-Zellen verschiedener Individuen nur teilweise durch die Kombination von Rezeptoren der KIR-Familie und ihrem HLA-Klasse-I-Hintergrund bestimmt zu sein scheint. Auch zwischen HLA-identischen Spendern mit gleichem KIR-Genotyp bestanden große Varianzen in der zytotoxischen NK-Zellaktivität gegenüber demselben HLA-Klasse-I-negativen Target. Im Folgenden sollten mögliche Ursachen für diese Varianz untersucht werden.

5.3.1 Nicht-HLA-spezifische NK-Zell-Rezeptoren

Eine mögliche Ursache für die unterschiedliche Aktivierbarkeit von NK-Zellen durch das HLA-Klasse-I-negative Target K-562 sind NK-Zell-Rezeptoren, deren Liganden keine HLA-Klasse-I-Moleküle sind. Drei wichtige Vertreter dieser Rezeptoren sind das aktiverende NKG2D-Homodimer, dessen Liganden MICA und B sowie ULBP1-3 auf K-562-Zellen exprimiert werden (Ter Meer 2007), sowie die NCRs NKp44 und NKp46. Die Expression von NKp44-Liganden auf K-562-Zellen wurde nachgewiesen (Byrd, Hoffmann et al. 2007) und scheint wegen der Ähnlichkeit der bisher identifizierten Liganden-Struktur auch für NKp46-Liganden wahrscheinlich (Zilka, Landau et al. 2005; Hershkovitz, Jivov et al. 2007). Diese aktivierenden Rezeptoren scheinen bei der Lizenzierung von NK-Zellen keine oder nur eine untergeordnete Rolle zu spielen, sind aber ebenso wie Rezeptoren der KIR-Familie beim Kontakt mit potentiellen Zielzellen an der Regulation der NK-Zellaktivität beteiligt. Daher könnte das individuelle zytotoxische Potential einer gesamten NK-Zellpopulation (teilweise) abhängig sein von der dortigen Verteilung und/oder der Expressionsdichte dieser Rezeptoren.

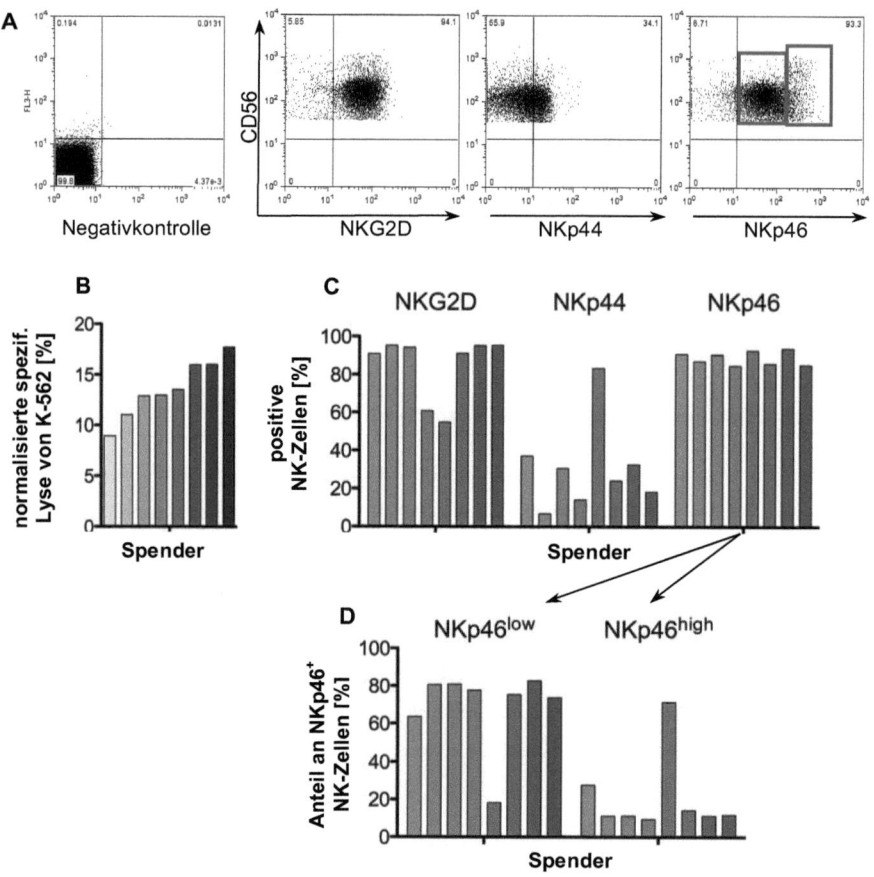

Abb 5-12 Expression von NKG2D, NKp44 und NKp46 auf NK-Zellen HLA- und KIR-identischer Spender im Vergleich zur zytotoxischen NK-Zell-Aktivität. Die PBMCs von acht Spendern wurden mit Antikörpern gegen CD3 und CD56 sowie NKG2D, NKp44 oder NKp46 gefärbt und durchflusszytometrisch vermessen. **A** Dot-Plots eines exemplarischen Spenders, gegatet auf lebende Lymphozyten und CD3⁻CD56⁺ NK-Zellen. **B** Im CRA bestimmte zytotoxische NK-Zell-Aktivität der acht Spender. **C** Prozentualer Anteil der für die Antikörper positiven NK-Zellen in Bezug auf die gesamt-NK-Zell-Populaiton. **D** Prozentualer Anteil der NKp46^{low} und NKp46^{high} NK-Zellen. Die Daten in B-D sind nach aufsteigender Zytotoxizität der NK-Zellen des jeweiligen Spenders sortiert, gekennzeichnet durch dunkler werdende Balken.

In **Abb 5-12** ist der Anteil der positiven NK-Zellen nach Färbung mit Antikörpern gegen NKG2D, NKp44 und NKp46 bei acht Spendern mit gleichem HLA- und KIR-Genotyp dargestellt (Gruppe 1, KIR-AA). Wie die exemplarisch dargestellten Dot-Plots (**A**) zeigen, konnten die NKp46-exprimierenden NK-Zellen in eine schwach und eine stark positive

Subpopulation unterschieden werden. Die Gegenüberstellung der durchflusszytometrischen Daten und der im CRA bestimmten NK-Zellaktivität (**B**) zeigte, dass weder der Anteil von NKG2D$^+$, NKp44$^+$ oder NKp46$^+$ NK-Zellen (**C**) noch die Expressionsdichte von NKp46 (**D**) einen Einfluss auf die Gesamtaktivität der NK-Zellen der verschiedenen Spender hatte.

5.3.2 Untersuchung von Aktivierungs- und Differenzierungsmarkern auf NK- und nicht-NK-Zellpopulationen

Für die folgenden Untersuchungen wurden PBMCs von sechs Spendern aus Gruppe 1 mit KIR-Genotyp-AB oder -BB und ähnlichem NK-Zellanteil ausgewählt (**Tab 5-4**).

Tab 5-4 Überblick über die in 5.3.2 verwendeten Spender

BC	norm. Lyse [%]	NK [%]	KIR	HLA-A	HLA-B	HLA-Cw
46	4,39	5,06	B2B6	01	08	07
31	6,73	5,94	AB4	02	08	07
44	12,56	4,75	AB1	01	08	07
35	13,50	4,81	AB2	02	07	07
6	18,62	4,21	AB3	01/02	07	07
5	21,28	5,66	AB6	01/02	08	07

5.3.2.1 Expression des Aktivierungsmarkers CD69

Die *de novo* Expression von regulatorischen Rezeptoren durch Zellaktivierung verleiht NK-Zellen der Theorie nach eine erweiterte Kapazität potentielle Zielzellen zu lysieren. Ein wichtiger durch Antikörper-, Zell- oder Zytokin-vermittelte Aktivierung induzierter Rezeptor ist CD69, der bei vielen hämatopoetischen Zelltypen sowohl costimulatorische als auch direkt aktivierende Funktion hat.

Durch Inkubation von PBMCs mit K-562-Zellen wurde die NK-Zellaktivierung simuliert, die im 4 h CRA ausgelöst wird. Dadurch sollte überprüft werden, ob die individuelle Varianz der NK-Zellaktivität auf eine unterschiedliche Aktivierbarkeit der NK-Zellen oder anderer lymphozytärer Zellpopulationen zurückzuführen ist. Im Durchflusszytometer wurde die Expression von CD69 auf den verschiedenen lymphozytären Zellpopulationen bestimmt. Die PBMCs wurden entweder direkt nach dem Auftauen mit Antikörpern gegen CD3, CD56 und CD69 gefärbt oder vorher für 24 h in Vollmedium bei 37°C und 5% CO_2 ohne oder mit K-562-Zellen inkubiert.

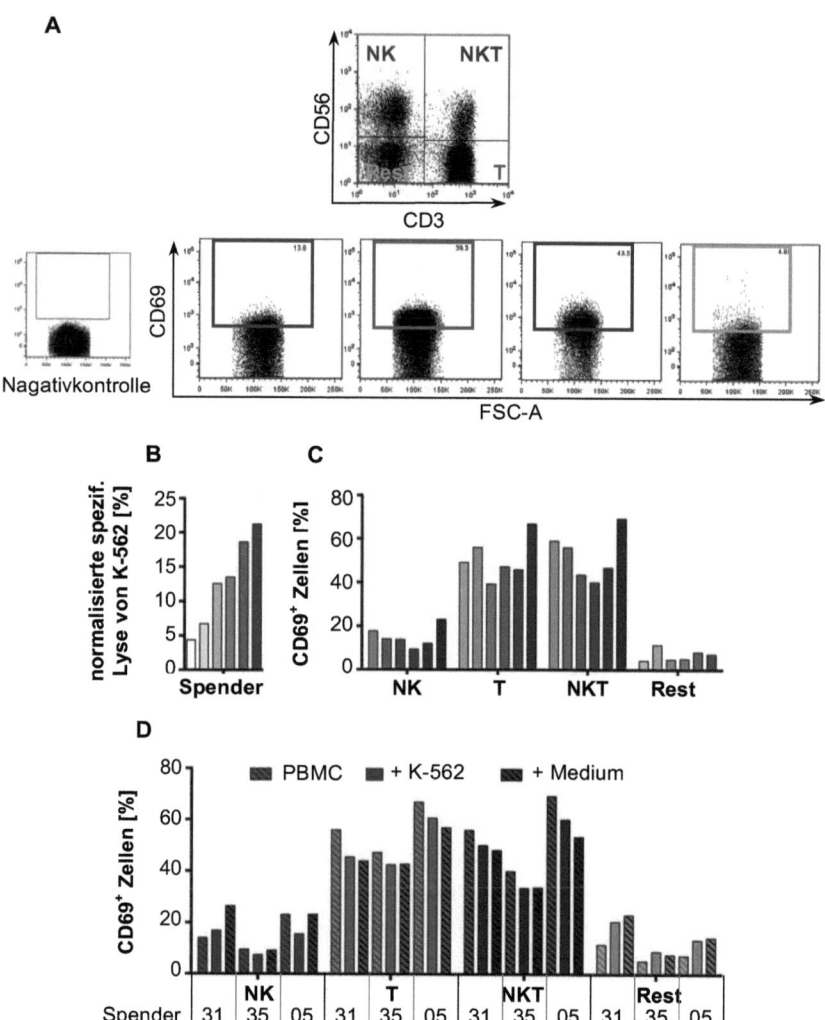

Abb 5-13 Expression von CD69 vor und nach Stimulation auf den lymphozytären Zellpopulationen im Vergleich zur zytotoxischen NK-Zell-Aktivität. PBMCs von sechs gesunden Spendern wurden mit Antikörpern gegen CD3, CD56 und CD69 gefärbt und durchflusszytometrisch vermessen. **A** Dot-Plots des Spenders BC44, bezogen auf lebende Lymphozyten und NK-, T-, NKT- oder „Rest"-Zellen. **B** Im CRA bestimmte zytotoxische NK-Zellaktivität der sechs Spender. **C** Prozentualer Anteil der CD69$^+$ Zellen vor Stimulation in Bezug auf die jeweilige Gesamtpopulation. **D** Prozentualer Anteil der CD69$^+$ Zellen vor (hell gestreifte Balken) und nach 24 h Inkubation in Vollmedium (dunkel gestreift) sowie mit zusätzlich 4 h Stimulation durch K-562-Zellen im Verhältnis 1:5 (leere Balken) in Bezug auf die jeweilige Gesamtpopulation. Die Spender sind jeweils sortiert nach aufsteigender NK-Zellzytotoxizität (n = 3).

Bei keiner der Lymphozyten-Populationen stand die CD69-Expression in Zusammenhang mit der im CRA gemessenen zytotoxischen Aktivität (**Abb 5-13 B** und **C**). Die 24-stündige Inkubation in Medium führte zu diskontinuierlicher Herauf- oder Herunterregulation von CD69 (**D**, einfarbige Balken). Eine zusätzliche Inkubation mit K-562-Zellen hatte keinen Effekt auf T-, NKT- oder „Rest"-Zellen. Nur bei zwei der drei Spender führte die 4-stündige Inkubation mit K-562-Zellen zu einem leichten Zuwachs an $CD69^+$ NK-Zellen (schwarz gestreifte gegenüber einfarbigen Balken).

5.3.2.2 Expression des Differenzierungsmarkers CD57

Obwohl die Expression des Differenzierungsmarkers CD57 in keinem direkten Zusammenhang mit der zytotoxischen Aktivität von NK-Zellen gegen HLA-Klasse-I-negative Zielzellen zu stehen scheint (Lopez-Verges, Milush et al. 2010), geht sie doch häufig mit der Expression mehrerer KIRs und dem Verlust des inhibitorischen Rezeptors NKG2A auf der Zelloberfläche einher. Solche NK-Zellen sollten der Theorie nach einen höheren Lizenzierungs-Status haben und daher ein höheres zytotoxisches Potential aufweisen. Damit übereinstimmend konnte gezeigt werden, dass $CD57^+$ CD4- und CD8-T-Zellen sowie NK-Zellen gleichzeitig die Granzyme A und B sowie Perforin exprimieren, also potentiell eine hohe lytische Kapazität aufweisen (Chattopadhyay, Betts et al. 2009). In **Abb 5-14** sind exemplarisch die Dot-Plots für einen der sechs getesteten Spender (BC44) nach Färbung der PBMCs mit CD3, CD56 und CD57 dargestellt (**A**).

Über einen Einfluss der $CD57^+$ NK- bzw. T-Zell-Populationen konnte keine eindeutige Aussage getroffen werden. Obwohl die Daten vermuten lassen, dass keine Korrelation mit der lytischen Aktivität bestand, wäre für ein signifikantes und eindeutiges Ergebnis die Untersuchung weiterer Spender nötig. Eine Korrelation zwischen der lytischen Aktivität und der Anzahl $CD57^+$ NKT- oder „Rest"-Zellen konnte anhand der vorliegenden Daten ausgeschlossen werden (**B** und **C**).

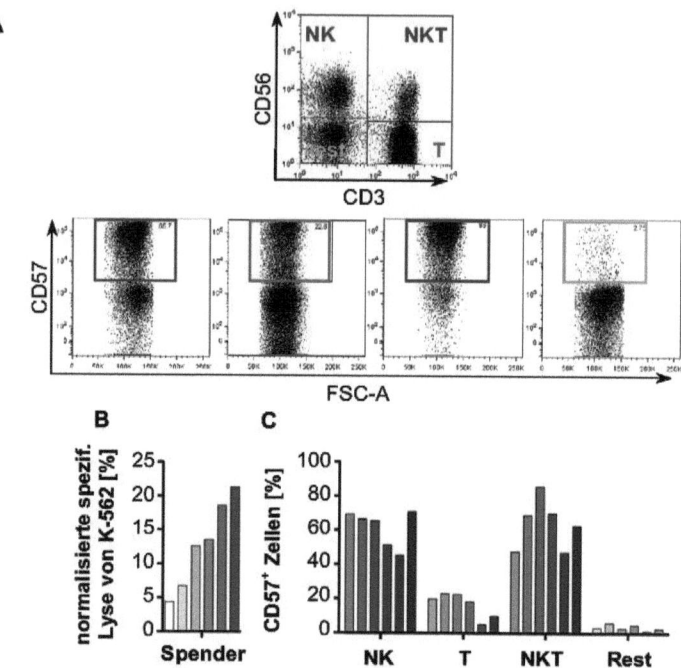

Abb 5-14 Expression von CD57 auf den lymphozytären Zellpopulationen im Vergleich zur zytotoxischen NK-Zell-Aktivität. PBMCs von sechs gesunden Spendern wurden mit Antikörpern gegen CD3, CD56 und CD57 gefärbt und durchflusszytometrisch vermessen. **A** Dot-Plots des Spenders BC44, bezogen auf lebende Lymphozyten und NK-, T-, NKT- oder „Rest"-Zellen. **B** Im CRA bestimmte zytotoxische NK-Zell-Aktivität der sechs Spender. **C** Prozentualer Anteil der CD57⁺ NK-, T- NKT- und „Rest"-Zellen in Bezug auf die jeweilige Gesamtpopulation. Die Daten in B und C sind nach aufsteigender Zytotoxizität der NK-Zellen des jeweiligen Spenders sortiert, gekennzeichnet durch dunkler werdende Balken.

Die Aufspaltung der NK-Zellpopulation in $CD16^+CD56^{dim}$, $CD16^-CD56^{bright}$ und eine intermediäre $CD16^{+/low}$ Subpopulation („inter") zeigte eine starke Konzentration der CD57-Expression in der Population der zytotoxischen $CD16^+CD56^{dim}$ NK-Zellen (**Abb 5-15 A**, gelbe Punkte). Obwohl mit max. 9 % sehr gering, hatte der prozentuale Anteil CD57⁺ NK-Zellen in der $CD16^{low/neg}$ Population jedoch einen signifikant negativen Einfluss auf die Gesamtaktivität der NK-Zellen im CRA (**B** und **C**; Pearson r = -0,9; p = 0,009**).

Ein höherer Anteil von CD57⁺ Zellen in der $CD16^-CD56^{bright}$ Population zeigte ebenfalls einen Trend zu geringerer NK-Zellzytotoxizität. Ein solcher Zusammenhang konnte weder für die $CD16^+CD56^{dim}$ noch für die $CD16^{+/low}$ intermediären NK-Zellen beobachtet werden.

Die gezeigten Daten geben einen Hinweis auf eine bisher nicht bekannte negativ-regulatorische NK-Zellpopulation, die durch einen CD57$^+$CD16$^{low/neg}$ Phänotyp gekennzeichnet ist.

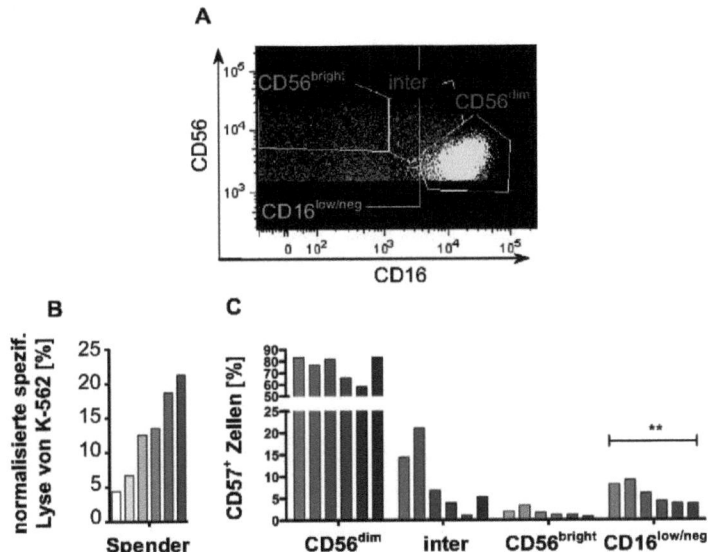

Abb 5-15 Expression von CD57 auf den NK-Zell-Subpopulationen im Vergleich zur zytotoxischen NK-Zell-Aktivität. Die PBMCs von sechs gesunden Spendern mit schwach bis stark lytisch aktiven NK-Zellen wurden mit Antikörpern gegen CD3, CD56 und CD57 gefärbt und durchflusszytometrisch gemessen. **A** Dot-Plot des Spenders BC44, bezogen auf lebende CD3$^-$CD56$^+$ NK-Zellen (blaue Punkte). CD57$^+$ Zellen sind in gelb dargestellt. **B** Im CRA bestimmte zytotoxische NK-Zellaktivität der sechs Spender. **C** Prozentualer Anteil der CD57$^+$ Zellen in Bezug auf die jeweilige Gesamtpopulation. Die Daten in B und C sind nach aufsteigender Zytotoxizität der NK-Zellen des jeweiligen Spenders sortiert, gekennzeichnet durch dunkler werdende Balken.

5.3.2.3 Expression von CD6

In einer kürzlich veröffentlichen Studie wurde gezeigt, dass die CD6-Expression bei CD56^{dim} NK-Zellen korreliert ist mit der Expression von KIRs, jedoch nicht mit einer gesteigerten zytotoxischen Aktivität. Eine direkte Aktivierung dieser Zellen über den CD6 Scavenger-Rezeptor führte stattdessen zur Produktion proinflammatorischer Zytokine und Chemokine. Da bisher die Expression und Funktion des CD6-Rezeptors bei NK-Zellen kaum untersucht wurde, er aber scheinbar NK-Zell-regulatorisch wirkt, sollte hier geprüft werden, ob die CD6-Expression auf den verschiedenen NK-Zellsubpopulationen mit der zytotoxischen Varianz zwischen Individuen korreliert.

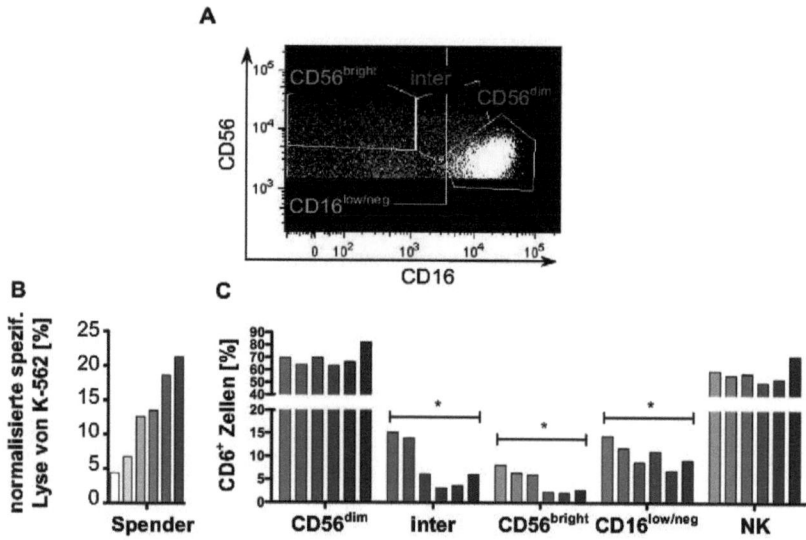

Abb 5-16 Expression von CD6 auf den NK-Zell-Subpopulationen im Vergleich zur zytotoxischen NK-Zell-Aktivität. Die PBMCs von sechs gesunden Spendern mit schwach bis stark lytisch aktiven NK-Zellen wurden mit Antikörpern gegen CD3, CD56 und CD6 gefärbt und durchflusszytometrisch gemessen. **A** Dot-Plot des Spenders BC44, bezogen auf lebende CD3⁻CD56⁺ NK-Zellen (blaue Punkte). CD6⁺ Zellen sind in weiß dargestellt. **B** Im CRA bestimmte zytotoxische NK-Zell-Aktivität der sechs Spender. **C** Prozentualer Anteil der CD6⁺ Zellen in Bezug auf die jeweilige Gesamtpopulation. Die Daten in B und C sind nach aufsteigender Zytotoxizität der NK-Zellen des jeweiligen Spenders sortiert, gekennzeichnet durch dunkler werdende Balken.

Abb 5-16 A zeigt exemplarisch den Dot-Plot der NK-Zellpopulation des Spenders 44. Die Expression von CD6 ist in erster Linie auf die CD16⁺CD56^{dim} Population beschränkt (weiße Punkte), jedoch exprimieren es auch zwischen 2 und 15% der CD16⁻CD56^{bright}, CD16$^{low/neg}$ und der intermediären NK-Zellen. In diesen drei Populationen stand die vermehrte Expression von CD6 in signifikantem Zusammenhang mit einer verminderten zytotoxischen Aktivität der NK-Zellen (**B** und **C**; $r = -0,87^*$ CD56^{bright}; $r = -0,84^*$ CD16$^{low/neg}$; $r = -0,82^*$ intermediäre). Für T-, NKT und „Rest"-Zellen bestand keine Korrelation (Daten nicht gezeigt).

Der Zusammenhang zwischen der CD6-Expression und der NK-Zellzytotoxizität war der Korrelation zwischen der CD57-Expression und der Zytotoxizität sehr ähnlich in Bezug auf die betroffenen Zellpopulationen. Bedenkt man die Analogie ihrer Expressionsmuster und funktionellen Eigenschaften von CD57$^+$ und CD6$^+$ bei NK-Zellen, die in der jüngeren Vergangenheit aufgedeckt wurden, überrascht diese Überschneidung nicht.

Tatsächlich bestand auch für Coexpression von CD56 und CD6 auf CD16$^{low/neg}$ NK-Zellen eine signifikante negative Korrelation mit der zytotoxischen Aktivität der NK-Zellen (**Abb 5-17 B;** r = -0,95**). Der Anteil CD57$^+$ Zellen in dieser Population war auch unabhängig von der CD6-Expression mit einer geringeren NK-Zellzytotoxizität korreliert (CD57$^+$CD6$^-$; r = -8,2*), während der Anteil CD57$^-$CD6$^+$ Zellen keinen signifikanten Einfluss auf die Zytotoxizität hatten.

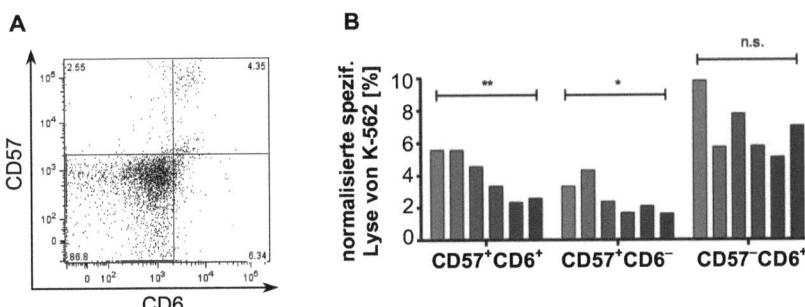

Abb 5-17 Coexpression von CD6 und CD57 auf der CD16$^{low/neg}$ NK-Zell-Population im Vergleich zur zytotoxischen Aktivität. Die PBMCs von sechs gesunden Spendern mit schwach bis stark cytotoxisch aktiven NK-Zellen wurden mit Antikörpern gegen CD3, CD56 und CD6 und CD57 gefärbt und durchflusszytometrisch gemessen. **A** Dot-Plot des Spenders BC44, bezogen auf lebende CD16$^{low/neg}$ NK-Zellen. **B** Prozentualer Anteil der CD57$^+$CD6$^+$, CD57$^+$CD6$^-$ und CD57$^-$CD6$^+$ Zellen in Bezug auf die Gesamtpopulation. Die Daten in B sind nach aufsteigender Zytotoxizität der NK-Zellen des jeweiligen Spenders sortiert, gekennzeichnet durch dunkler werdende Balken.

5.3.3 Zusammenfassung

Es konnte gezeigt werden, dass die Expression der nicht-HLA-spezifischen aktivierenden Rezeptoren NKG2D, NKp44 und NKp46 auf NK-Zellen keinen Einfluss auf deren zytotoxische Aktivität gegenüber HLA-negativen Zielzellen hat. Auch die unterschiedlich starke Aktivierung der NK-Zellen (CD69-Expression) verschiedener Spender durch das zelluläre Target K-562 korrelierte nicht mit dem zytotoxischen NK-Zellpotential. Diese Daten lassen darauf schließen, dass die Effektivität der Zielzelllyse weniger durch unmittelbare aktivierende Signale bestimmt wird, sondern vielmehr - sobald eine NK-Zelle aktiviert ist - durch ihren Lizenzierungsstatus „vorbestimmt" ist.

Die Klassifizierung der NK-Zellsubpopulationen nach CD6- und CD57-Expression machte auf eine bisher unbekannte Population regulatorischer NK-Zellen aufmerksam, die durch schwache oder fehlende Expression von CD16 sowie Expression von CD6 und/oder CD57 gekennzeichnet ist und einen reprimierenden Effekt auf die zytotoxische Aktivität der gesamten NK-Zellpopulation zu haben scheint.

6 Diskussion

Die Beteiligung von NK-Zellen an der Beseitigung infizierter, gestresster und maligner Zellen ist ein essenzieller Bestandteil der Immunüberwachung beim Menschen. Trotz der Unabhängigkeit von einem primärem Antigenkontakt, wie ihn T- und B-Zellen benötigen, sind sie dank einer großen Vielfalt aktivierender und inhibitorischer Rezeptoren in der Lage, sehr spezifisch und innerhalb weniger Minuten nach dem Erstkontakt auf fremdartige Zellen in ihrer Umgebung zu reagieren (Chauveau, Aucher et al. 2010).

In den vergangenen Jahren wurde mehr und mehr deutlich, dass alloreaktive NK-Zellen bei der HSC-Transplantation von Leukämiepatienten einen positiven antileukämischen Effekt vermitteln, der zu verbesserten klinischen Resultaten führt (Witt 2009; Pegram, Ritchie et al. 2011). Die zentrale Frage einer Vielzahl retrospektiver Studien war und ist, welche Kombination von Spender und Empfänger die effektivsten NK-Zellen gegen verbliebene Leukämiezellen hervorbringt. Die aus den Studien gewonnenen Ergebnisse waren jedoch oft sehr widersprüchlich, sodass es bis heute nicht möglich ist, diese Frage zu beantworten. Ein Grund dafür ist die Abhängigkeit der NK-Zellalloreaktivität vom Transplantationsprotokoll, das zwischen den Kliniken erhebliche Unterschiede bei der Vor- und Nachbehandlung der Patienten sowie der Gewinnung und Aufarbeitung des Transplantats aufweist. Die Informationen, die aus klinischen Studien über NK-Zell-Alloreaktivität gezogen werden können, sind daher sehr begrenzt und die Einführung standardisierter Versuchsbedingungen erforderlich.

6.1 Kryokonservierung

Ein wichtiges Hilfsmittel für die Untersuchung von Zelleigenschaften ist die Kryokonservierung. Sie reduziert sowohl die logistischen Herausforderungen beim Sammeln und Testen von Spendermaterial als auch inter-Assay-Varianzen, indem Aliquote desselben Materials zur Verfügung stehen.

Die Kryokonservierung von PBMCs ist eine gut beschriebene und häufig verwendete Technik. Dennoch können Einfrier- und Auftauprozesse ihre Funktion signifikant beeinflussen (Betensky, Connick et al. 2000; Disis, dela Rosa et al. 2006). Insbesondere NK-Zellen sind empfindlich gegenüber Zentrifugation, Nährstoffmangel, Temperaturwechsel und Veränderungen von Zellmilieu oder Medium. So ist auch bekannt, dass Kryokonservierung die Aktivität von NK-Zellen vermindert (Marti, Miralles et al. 1993). Unsere Ergebnisse zum schnellen und langsamen Hinzufügen bzw. Herauswaschen des allgemein verwendeten Frostschutzmittels DMSO münden in anerkanntes Wissen in der Kryobiologie (Sputtek 1991; Pegg 2007). Durch Hinzufügen einer Lösung mit hoher Osmolarität (die beispielsweise durch enthaltenes DMSO entsteht) zu einer isotonischen Lösung wird das osmotische Gleichgewicht gestört. Da Wassermoleküle schneller aus den Zellen austreten können als das DMSO eintreten kann, fangen die Zellen an zu schrumpfen. Schrumpfen die Zellen zu stark, werden sie letal oder subletal beschädigt, bevor das eigentliche Einfrieren stattfindet. Daher ist es sinnvoll, schwer permeable Stoffe wie DMSO langsam und schrittweise zu den Zellen hinzuzufügen, um ihnen eine Anpassung an die veränderte Osmolarität zu ermöglichen. Andererseits birgt ein extrem langsames Hinzufügen durch die verlängerte Inkubationszeit vor allem bei höheren Temperaturen die Gefahr toxischer Zellschäden. Ein toxischer Effekt kann auch für DMSO nicht ausgeschlossen werden, obwohl die Fachliteratur dazu keine eindeutige Aussage zulässt (Rowley and Anderson 1993; Fahy 2010) und vermutlich stark vom betreffenden Zelltyp abhängt.

Das gleiche Problem der Osmolarität tritt beim Auftauen der Zellen, also beim Herauswaschen des Frostschutzmittels auf. Das Wasser kann schneller in die Zellen eindringen als das DMSO, sodass die Zellen anschwellen. Nach anerkanntem Kenntnisstand in der Kryobiologie ist das Anschwellen von Zellen mit einer stärkeren Schädigung verbunden als ihr Schrumpfen, sodass das Herauswaschen des Frostschutzmittels der empfindlichere Prozess ist als das Hinzufügen. Unsere Ergebnisse zum „langsamen" und „schnellen" Protokoll bestätigen dies, da zusätzlich zur verminderten Zytotoxizität das schnelle Herauswaschen von DMSO anders als das Hinzufügen auch die Vitalität der Zellen signifikant verringerte (Abb 5-1). Insgesamt konnten wir zeigen, dass die Zeitspanne während derer das DMSO entweder hinzugefügt oder herausgewaschen wird, die Aktivität von NK-Zellen direkt beeinflusst.

Unter Verwendung eines standardisierten Protokolls haben wir bei neun Spendern eine vergleichbar starke Reduktion der Zytotoxizität gemessen (Abb 5-2). Die Daten weisen das im Rahmen dieser Arbeit optimierte (langsame) und standardisierte Kryokonservierungsverfahren für PBMC Proben als eine Gewährleistung für die best mögliche Erhaltung der NK-Zellaktivität und ihrer natürlichen Varianz zwischen den Individuen aus. Eine Beeinflussung der NK-Zellen durch andere in den PBMCs vertretene Zellpopulationen konnte ausgeschlossen werden (siehe Kapitel 5.1.3). Daher sind auf diese Weise konservierte Zellen ein geeignetes Material für die Untersuchung und den Vergleich der NK-Zellzytotoxizität verschiedener Spender.

6.2 Standardisierung des Chromium-Freisetzungstest

Für die Beantwortung der zentralen Fragestellung dieser Arbeit - der Einfluss genetischer und phänotypischer Faktoren auf die NK-Zell-Aktivität - war ein Test erforderlich, mit dessen Hilfe es möglich ist, die zytotoxische Aktivität von einer großen Zahl von Spendern zu untersuchen, deren Material weder gleichzeitig verfügbar ist, fnoch (aufgrund der großen Studienpopulation) in einem einzigen Versuchsdurchlauf analysiert werden kann. Die spezielle Anforderung an den Test war daher ein hoher Grad an Standardisierung, der die Vergleichbarkeit der Messwerte zwischen den Versuchsdurchläufen gewährleistet.

Der 1968 entwickelte Chromium-Freisetzungstest (*chromium release assay*, CRA) gilt noch heute als „Gold-Standard" zur Untersuchung von NK-Zellzytotoxizität (Brunner, Mauel et al. 1968). Bei diesem Test werden die Zielzellen mit dem radioaktiven Isotop ^{51}Cr markiert, das sie im Zytosol speichern. Als Maß für die zytotoxische Aktivität der zytotoxischen Effektorzellen dient die Menge des durch Zelllyse in den Mediumüberstand freigesetzte ^{51}Cr (siehe Methoden 4.1.8).

Bei dem inzwischen ebenso weit verbreiteten durchflusszytometrischen Degranulierungstest wird nicht die Lyse von Zielzellen sondern die Aktivierung der zytotoxischen Effektormechanismen auf Seiten der NK-Zellen gemessen (Betts, Brenchley et al. 2003; Bryceson, March et al. 2005). Als Degranulierungsmarker dient das auf der Membran zytotoxischer Granula exprimierte CD107a, das bei der Exozytose von Perforinen und Granzymen auf die Zelloberfläche der NK-Zellen transportiert wird. Ein Vorteil dieser Methode gegenüber dem CRA liegt in der Möglichkeit, durch Antikörperfärbung die differentielle Aktivierung von NK-Zellsubpopulationen und die Rolle einzelner exprimierter Rezeptoren zu untersuchen. So hat dieser Test erheblich zum Verständnis von NK-Zell-Lizenzierung und -Regulation sowie der dafür verantwortlichen Rezeptor-Liganden-Interaktionen beigetragen.

Für die Etablierung eines standardisierten Versuchsablaufs bringt der CRA gegenüber dem durchflusszytometrischen Test dennoch einige vorteilhafte Eigenschaften mit. Der übliche Einsatz von Triplikatmessungen beinhaltet (1) schon eine Form der Standardisierung, da durch Bildung des Mittelwerts und der Möglichkeit Ausreißer zu identifizieren Pipettier- und Messfehler ausgeglichen werden können. Der CRA ist (2) ein verhältnismäßig kostengünstiger Test. Auch bei einer erhöhten Testzahl bleibt der Verbrauch des radioaktiven Materials zur Markierung der Zielzellen gering, während die für durchflusszytometrische Untersuchung der Effektorzellen benötigte Antikörpermenge mit steigender Probenanzahl den finanziellen Aufwand schnell potenziert. Die automatisierte Messung der Strahlungsmenge im Überstand der Zellsuspensionen und die wenig zeitaufwendige Datenauswertung macht es (3) möglich, mehrere (bis zu 8) Spender-Proben an einem Versuchstags zu untersuchen, ohne den Material- und Zeitaufwand wesentlich zu erhöhen. Das Mitführen einer Standard-Probe in jedem Versuchsdurchlauf ist daher (4) sowohl kostengünstig als auch effektiv in Bezug auf die Zahl der damit pro Test abgedeckten Spenderproben. Durch die geringe Anzahl für den Test benötigter Spenderzellen reicht (5) das Material einer einzigen Spende aus für mehrfache Wiederholungen der Messung sowie zusätzliche geno- und phänotypische Untersuchungen. Zudem wird im CRA durch Berechnung der Zielzelllyse (6) die tatsächliche Effektivität von zytotoxisch aktiven NK-Zellen gemessen, während im Degranulierungstest nur bestimmt werden kann, ob eine Zelle zytotoxisch aktiv war/ist ohne jedoch keine Aussage über ihren Wirkungsgrad zu erlauben.

Mit der entwickelten auf Extrapolation basierten Methode zur Datenanalyse können sowohl Intra- und Interassay-Varianzen ausgeglichen als auch die NK-Zell-vermittelte zytotoxische Aktivität von Spender-PBMCs mit sehr unterschiedlichem NK-Zellanteil in Relation zueinander gesetzt werden (Abb 5-4 und Tab 5-1).
Der Vorteil der hier vorgestellten Methode gegenüber den bisher gängigen Verfahren zur Untersuchung von NK-Zellzytotoxizität ist die Möglichkeit, die Daten einer beliebig großen Anzahl von Spendern über einen beliebig großen Zeitraum zu vergleichen. Dadurch können Einflüsse von genetischen Faktoren (wie dem KIR-Genotyp und HLA-Klasse-I-Merkmalen), phänotypischer Eigenschaften (wie die Expression von Oberflächenmolekülen, Rezeptoren, Liganden oder Adhäsionsmolekülen) oder verschiedenen Zellpopulationen auf die Aktivität der gesamt-NK-Zellen groß angelegt untersucht werden. Der Test wurde als Grundlage für die Bearbeitung der folgenden Fragestellungen verwendet. Die mit seiner Hilfe erarbeiteten Daten sollen leisten einen Beitrag zu einem umfassenderen Verständnis der wechselseitigen Beziehung zwischen Rezeptoren und Liganden und ihrer Rolle bei NK-Zell-Differenzierung, -Lizenzierung und -Regulation sowie ihrer Alloreaktivität in klinischen Anwendungen.

6.3 Das zytotoxische Potential von NK-Zellen wird durch die Kombination von KIR-Genotyp und allelischer HLA-Klasse-I-Varianz kontrolliert

In Übereinstimmung mit der klinischen Studie von Kröger et al, die Ausgangspunkt für die Fragestellung dieser Arbeit war, deuten die hier gezeigten Daten auf eine Beeinflussung des zytotoxischen Potentials von NK-Zellen durch ihren KIR-Genotyp hin. Die Untersuchung von drei Gruppen HLA-Klasse-I-identischer Spender brachte dabei unterschiedliche Ergebnisse. Bei HLA-C1-homozygoten Spendern war die höchste NK-Zellaktivität signifikant assoziiert mit KIR-Genotyp AA. KIR-BB Spender brachten die schwächsten NK-Zellen hervor. Während ein zusätzlicher HLA-Bw4-Ligand keinen Einfluss auf diesen „KIR-Genotyp-Effekt" zu haben schien, war die Expression aller KIR-Liganden (HLA-C1, -Bw4 und -C2) jedoch korreliert mit einem veränderten Zusammenhang zwischen KIR-Genotyp und NK-Zellaktivität (Abb 5-7). Aufgrund der geringen Gruppengröße konnte jedoch keine eindeutige Aussage darüber getroffen werden, ob die KIR-AA, -AB und -BB Individuen einheitliche oder im Vergleich zu Spendern der HLA-C1-Gruppe umgekehrte lytische Aktivität zeigten. Interessanterweise konnte in drei Gruppen HLA-Klasse-I-differenter Spender (HLA-C1, -C2 oder -C1/C2) keinerlei KIR-Genotyp-Effekt beobachtet werden (Abb 5-8). In keiner der Gruppen bestand ein Zusammenhang zwischen KIR-Expression und NK-Zellaktivität (Abb 5-11).

Nach dem Lizenzierungs-Modell erhalten NK-Zellen ihre Fähigkeit zur Entfaltung zytotoxischer Aktivität durch die Wechselwirkung inhibitorischer KIRs mit ihren HLA-Liganden der Gruppe C1, C2 und/oder Bw4. Ursprünglich wurde dieser Mechanismus als „An-Aus-Schalter" betrachtet. In den vergangenen Jahren wurde jedoch zunehmend deutlich, dass die Funktionalität von NK-Zellen in einer großen Bandbreite variiert und abhängig ist von der Art und Stärke der lizenzierenden Signale (Rheostat-Modell, Abb 1-3) (Brodin, Karre et al. 2009; Joncker, Fernandez et al. 2009). Nach diesem Modell wird die Lizenzierung von NK-Zellen beeinflusst von der HLA-Klasse-I-Expressionsdichte, der Bindungsaffinität zwischen inhibitorischen Rezeptoren und deren Liganden und der Zahl der inhibitorischen Rezeptoren, die von einer NK-Zelle exprimiert werden. Im Folgenden wird diese Hypothese als „Signalstärke-Modell" bezeichnet. Diesbezüglich lassen die hier gezeigten Daten drei Schlussfolgerungen zu.

Die Beobachtung eines vom HLA-Liganden-Hintergrund abhängigen KIR-Genotyp-Effekts lässt darauf schließen, dass das zytotoxische Potential der gesamten NK-Zellpopulation eines Individuums (**1**) sowohl durch die Kombination der codierten KIRs (d.h. den KIR-Genotyp) bestimmt wird, als auch durch die Anzahl und Kombination der exprimierten HLA-Epitope und damit durch die Gesamtheit der möglichen KIR-HLA-Interaktionen. Die Verzeichnung eines steigenden zytotoxischen NK-Zellpotentials bei zunehmender Anzahl von HLA-Liganden (Abb 5-9), bestätigt das „Signalstärke-Modell" in der Hinsicht, als dass mehr Liganden theoretisch mehr Signale auslösen.

Andererseits scheint (2) die zytotoxische Aktivität nicht durch die Expressionsdichte einzelner KIRs in der gesamt-NK-Zellpopulation beeinflusst zu sein. Da NK-Zellen nur wenige der codierten KIRs klonal exprimieren, lässt sich vermuten, dass die Gesamtheit der NK-Zellen ein relativ ausgeglichenes KIR-Repertoire exprimiert und ihr zytotoxisches Potential eher durch die Kombination aller KIR-HLA-Interaktionen als durch die Quantität einzelner Interaktionen bestimmt wird. Diese These wird unterstützt durch eine durchflusszytometrische Studie von Fauriat et al.. Sie zeigte einen negativ-regulatorischen Effekt der Wechselwirkung von KIR2DS1 mit seinem HLA-C2-Liganden auf die NK-Zellreaktivität, der aber durch gleichzeitige Expression seines inhibitorischen Pendants KIR2DL1 durch dessen positiv-regulativen Effekt überlagert wurde (Fauriat, Ivarsson et al. 2010).

Der KIR-Genotyp-Effekt trat nur dann auf, wenn die Spender identische HLA-Klasse-I-Allele exprimierten. Das KIR-Lizenzierungsmodell allein kann dafür keine Erklärung geben, da in den HLA-C1-, C2- und Bw4-Epitopgruppen die dieses Modell beschreibt, diverse HLA-Allele zusammengefasst werden. Anders als bisher angenommen scheinen (3) jedoch auch allelische Varianzen der HLA-Moleküle außerhalb des bisher definierten Bindungsmotivs die Affinität von KIR-Rezeptoren zu beeinflussen. Ob nur allelische Varianzen im HLA-Cw-Lokus oder auch im HLA-A- und/oder -B-Lokus dabei eine Rolle spielen, kann anhand der hier gezeigten Daten nur vermutet werden (Abb 5-10). Studien mit Spendern, die sich jeweils in nur einem der drei Loki unterscheiden, wären zur Beantwortung dieser Frage nötig.

Länger bekannt ist die Abhängigkeit der Bindungsaffinität zwischen KIRs und ihren HLA-Liganden von der Struktur der präsentierten Peptide (Stewart, Laugier-Anfossi et al. 2005; Fadda, Borhis et al. 2010). Die Peptide, die von HLA-Klasse-I-Molekülen gesunder Körperzellen präsentiert werden, unterscheiden sich innerhalb einer Gruppe von Individuen umso mehr, je heterogener diese genetisch ist. Eine durch präsentierte Peptide hervorgerufene unterschiedliche Bindungsaffinität könnte nach dem „Signalstärke-Modell" eine andere Erklärung dafür sein, warum der KIR-Genotyp-Effekt bei HLA-differenten Spendern nicht zu sehen war.

In der Summe lassen die gemachten Beobachtungen darauf schließen, dass in einer HLA-differenten Gruppe aufgrund einer Beeinflussung der Bindungseigenschaften zwischen KIR und HLA der beobachtete KIR-Genotyp-Effekt durch den heterogenen HLA-Effekt überlagert und verwischt wird.

6.4 Bedeutung der gewonnenen Erkenntnisse über KIR- und HLA-Effekte für HSC-Transplantationen

Bei dem Versuch einer Übertragung der gewonnenen Erkenntnisse auf die Beurteilung von NK-Zell-Alloreaktivität bei HSC-Transplantationen darf nicht übersehen werden, dass in den hier gezeigten *in vitro* Studien die NK-Zellreaktivität gegenüber einem vollständig HLA-Klasse-I-negativen uniformen Target bestimmt wurde. Bei HSC-Transplantationen stehen die NK-Zellen des Spenders jedoch leukämischen Blasten gegenüber. Diese regulieren einerseits ihre HLA-Klasse-I-Expression (auch abhängig von der Leukämieform) sehr verschieden stark und selten vollständig herab (Brouwer, van der Heiden et al. 2002; Demanet, Mulder et al. 2004), sodass die NK-Zellaktivierung vermutlich in sehr unterschiedlichem Maße ausgelöst wird. Andererseits ist anzunehmen, dass die verbliebenen HLA-Klasse-I-Moleküle je nach Leukämieform sehr unterschiedliche Peptide präsentieren, was eine mögliche Erklärung dafür ist, dass vorteilhafte NK-alloreaktive Effekte - wenn auch in widersprüchlicher Form - in der Regel bei myeloischen Leukämien jedoch nicht oder nur in geringerem Ausmaße bei Patienten mit akuter lymphatischer Leukämie (ALL) beobachtet wurden (Ruggeri, Capanni et al. 2002; Clausen, Wolf et al. 2007; Kawase, Matsuo et al. 2009; Willemze, Rodrigues et al. 2009).

Trotz der aktuellen Schwierigkeiten bei der Beurteilung des alloreaktiven Potentials transplantierter NK-Zellen (siehe Kapitel 1.6.2) ist doch sicher, dass ein wachsendes Verstehen der zugrunde liegenden Mechanismen zu einer Erfolg versprechenden Therapie für Leukämiepatienten beitragen kann. In einer Studie mit KIR-Liganden-fehlangepassten HSCTs bei Patienten mit verschiedenen Leukämieformen konnte gezeigt werden, dass eine höhere NK-Zellzahl im Transplantat mit einer Reduktion des Rückfallrisikos einherging und AML-Patienten innerhalb des Studienzeitraums sogar vollständig rückfallfrei blieben (Clausen, Wolf et al. 2007). Diese Beobachtung weist auf die Bedeutung der Immunüberwachung durch antileukämische Zellen für den Erfolg von HSC-Transplantationen hin. Derzeit wird die Wirksamkeit alloreaktiver NK-Zellen als zelluläres Adjuvanz für die weiterführende Immuntherapie HSC-transplantierter Leukämiepatienten intensiv diskutiert und untersucht (Rubnitz, Inaba et al. 2010; Smits, Lee et al. 2011). Es wird allgemein vermutet, dass ein Übermaß an Tumorzellen die Kapazität des Immunsystems überschreitet, diese zu beseitigen. Die transferierten NK-Zellen sollen dem Immunsystem des Spenders helfen, nach der eradikativen Therapie verbliebene Leukämiezellen zu beseitigen.

Wenn es möglich ist, anhand genotypischer oder phänotypischer Merkmale Spender zu identifizieren, die NK-Zellen mit einem höheren zytotoxischen Potential hervorbringen, könnte die therapeutische Wirksamkeit von HSC-Transplantationen und zusätzlichen NK-Zelltherapien stark verbessert werden. Die im Rahmen dieser Arbeit gewonnene Erkenntnis über die Abhängigkeit der KIR-vermittelten NK-Zellreaktivität vom allelischen HLA-Klasse-I-Hintergrund zeigt jedoch, dass die Zusammenhänge weit komplexer zu sein scheinen als bisher vermutet. Unsere Beobachtungen geben damit eine Erklärung für die weit voneinander abweichenden Ergebnisse von (klinischen) Studien zur NK-Zell-Alloreaktivität, die den allelischen HLA-Klasse-I-Polymorphismus weitgehend außer Acht lassen.

6.5 Das zytotoxische Potential von NK-Zellen ist unabhängig von der Expressionsdichte aktivierender Rezeptoren

Der Vergleich verschiedener Spenderproben im CRA hat gezeigt, dass die zytotoxische Aktivität von NK-Zellen stark zwischen den Individuen variiert. Obwohl diese Unterschiede selten Gegenstand der Untersuchungen waren, sind sie doch in vielen Publikationen zu beobachten, die humane oder murine NK-Zellzytotoxizität untersucht haben (Kim, Poursine-Laurent et al. 2005; Anfossi, Andre et al. 2006; Kim, Sunwoo et al. 2008; Fauriat, Ivarsson et al. 2010). Wie im vorherigen Abschnitt diskutiert wurde, übt nach dem „Signalstärke-Modell" die Kombination von KIR-Genotyp und HLA-Klasse-I-Hintergrund einen entscheidenden Einfluss auf die Ausbildung des zytotoxischen Potentials von NK-Zellen aus. Hier wurde jedoch auch zwischen HLA- und KIR-identischen Spendern eine breite Streuung der zytotoxischen NK-Zellaktivität beobachtet werden, die demnach nicht allein vom HLA- und KIR-Genotyp abhängen kann.

Es konnte gezeigt werden, dass weder die Expressionsdichte der aktivierenden Rezeptoren NKp44, NKp46 und NKG2D noch die Induktion des Aktivierungsmarkers CD69 in direktem Zusammenhang mit dem zytoxischen Potential der gesamt-NK-Zellpopulation stand (Abb 5-12 und Abb 5-13).

Die Signale von NCRs und NKG2D tragen bei der Zielzellerkennung durch NK-Zellen wesentlich zur Aktivierung der zytotoxischen Effektormechanismen bei. Die NCRs sind vermutlich die wichtigsten Rezeptoren bei der Beseitigung von Tumorzellen (Pessino, Sivori et al. 1998; Pende, Parolini et al. 1999), während NK-Zellen durch NKG2D vor allem „gestresste" Zellen aber auch einige Tumorzellen erkennen (Jamieson, Diefenbach et al. 2002; Guerra, Tan et al. 2008). Da K-562-Zellen HLA-Klasse-I-negativ sind und gleichzeitig die Liganden für NKp44, NKp46 und NKG2D (und andere aktivierende Rezeptoren) tragen, wird die Aktivierung der NK-Zellen durch dieses Target unweigerlich ausgelöst (Byrd, Hoffmann et al. 2007; Ter Meer 2007). Die Expressionsdichte der drei Rezeptoren in der NK-Zellpopulation war für die Effektivität der Lyse jedoch unerheblich. Daher liegt die Vermutung nahe, dass die Stärke der aktivierenden Signale keinen Einfluss auf die Wirksamkeit der zytotoxischen Effektormechanismen ausübt, sobald das dynamische Gleichgewicht der NK-Zellregulation erst in Richtung der Aktivierung umgeschlagen ist.

Die These wird durch den vergleichbaren Aktivierungsstatus der unterschiedlich leistungsfähigen NK-Zellen unterstrichen. Das C-typ-Lektin CD69 wird kurze Zeit nach ihrer Aktivierung auf NK-Zellen exprimiert (Carnaud, Lee et al. 1999) und vergrößert durch seine stimulatorischen und costimulatorischen Eigenschaften ihr Potential zur Aktivierung zytotoxischer und immunregulatorischer Effektormechanismen (Lanier, Buck et al. 1988; Testi, D'Ambrosio et al. 1994). Die Beobachtung, dass die durch Aktivierung von NK-Zellen induzierte Expression von CD69 in keinem Zusammenhang mit deren zytotoxischem Potential stand, unterstützt die mit dem „Signalstärke-Modell" konforme These, dass das zytotoxische Potential von NK-Zellen schon während ihrer Lizenzierung festgelegt und nicht durch den (kurzfristigen) Kontakt mit potentiellen Zielzellen modifiziert wird.

6.6 Definition einer kleinen regulatorischen NK-Zellpopulation mit potentiell reprimierendem Effekt auf die zytotoxische NK-Zellaktivität

Da als Ursache für die Streuung des NK-Zell-Potentials HLA- und KIR-identischer Spender geno- und phänotypische Unterschiede zwischen den zytotoxischen NK-Zellen selbst weitgehend ausgeschlossenen werden konnte, sollte untersucht werden, ob ihre Zytotoxizität durch eine weitere Zellpopulation beeinflusst wird.

Durch die Untersuchung des Expressionsmusters der erst kürzlich als Differenzierungsmarker vorgeschlagenen Moleküle CD57 und CD6 konnte gezeigt werden, dass der Anteil $CD57^+$ bzw. $CD6^+$ $CD16^{low/neg}$ NK-Zellen jeweils signifikant korreliert ist mit dem zytotoxischen Potential der gesamt-NK-Zellpopulation. Diese Korrelation bestand auch für den Anteil der „klassischen" $CD16^-CD56^{bright}$ NK-Zellen die CD6 exprimierten (Abb 5-15 und Abb 5-16).

Verschiedene Studien haben gezeigt, dass CD57 zur Identifizierung von Zellen mit geringer proliferativer Kapazität verwendet werden kann, eine Eigenschaft, die als Folge terminaler Differenzierung und zellulärer Seneszenz angesehen wird (Brenchley, Karandikar et al. 2003; Lopez-Verges, Milush et al. 2010).

Reife NK-Zellen werden üblicher Weise anhand ihres Expressionsmusters von CD16 und CD56 in zwei Subpopulationen eingeteilt. Die zytotoxischen $CD16^+CD56^{dim}$ NK-Zellen entwickeln sich, nach allgemeinem Kenntnisstand, aus den $CD16^-CD56^{bright}$ NK-Zellen. Letztere übernehmen durch ihre Fähigkeit, innerhalb weniger Minuten nach ihrer Aktivierung Zytokine und Chemokine zu produzieren, eine wichtige immunregulatorische Funktion (Cooper, Fehniger et al. 2001). Ein direkter Einfluss dieser Population auf die zytotoxische Aktivität der $CD56^{dim}$ NK-Zellen wurde bisher nicht festgestellt.

Erst im Laufe des letzten Jahres wurde die Existenz eines weiteren Differenzierungsstadiums postuliert, das verschiedene Gruppen unabhängig voneinander durch die Expressionsmuster von CD57, CD6 bzw. CD94 identifiziert haben. Lopez-Verges et al. konnten zeigen, dass innerhalb der $CD56^{dim}$ Population eine Differenzierung von $KIR^-CD57^-CD56^{dim}$ zu $KIR^+CD57^+CD56^{dim}$ NK-Zellen stattfindet, die mit einer verringerten Zytokinproduktion und proliferativen Kapazität einherging. Diese Differenzierung war nicht reversibel und gänzlich unabhängig von der Lizenzierung der NK-Zellen (Lopez-Verges, Milush et al. 2010). Kurz zuvor hatten Yu et al. gezeigt, dass $CD94^{high}CD56^{dim}$ NK-Zellen ein intermediäres Differenzierungsstadium zwischen $CD94^{high}CD56^{bright}$ und $CD94^{low}CD56^{dim}$ NK-Zellen darstellen. Auch hier waren die Stadien gekennzeichnet durch einen sukzessiven Verlust der proliferativen Kapazität, eine vermehrte Expression von Perforin und Granzym B sowie ein gesteigertes zytotoxisches Potential (Yu, Mao et al. 2010). Ein ähnliches Expressionsmuster fanden Braun et al. für den Scavenger-Rezeptor CD6, das ebenfalls zu einer dreifachen Einteilung der NK-Zellen in eine $CD6^-CD56^{bright}$, $CD6^-CD56^{dim}$ und eine $CD6^+CD56^{dim}$ Population führte. Die Expression von CD6 ging wie die von CD57 einher mit der Expression von KIRs, die bei den $CD6^-CD56^{bright}$ fehlte und ein mittleres Level bei den $CD6^-CD56^{dim}$ NK-Zellen erreichte (Braun, Muller et al. 2010).

Die drei Studien lassen vermuten, dass mindestens zwei Differenzierungsstadien von $CD16^+CD56^{dim}$ NK-Zellen existieren, die durch Expression von CD57 bzw. CD6 sowie den teilweisen Verlust von CD94 gekennzeichnet sind. Das höhere Differenzierungsstadium der $CD16^+CD56^{dim}$ NK-Zellen zeichnet sich dabei durch eine erweiterte Spezialisierung auf seine zytotoxischen Eigenschaften aus.

Auf diesem Hintergrund liegt die Vermutung nahe, dass die hier beschriebene Population CD6- und/oder CD57-positiver $CD16^{low/neg}(CD56^{bright})$ NK-Zellen ein höheres Differenzierungsstadium der regulatorischen $CD16^-CD56^{bright}$ Zellen darstellen. Demnach würde ein

Teil der CD16$^-$CD56^{bright} NK-Zellen nicht zu zytotoxischen Zellen differenzieren, sondern ähnlich wie die CD56^{dim} NK-Zellen ihre zytotoxische Kapazität ausbauen können, zu einem Stadium mit spezialisierter regulatorischer Funktion heranreifen.

Für die Beteiligung von CD6 an immunregulatorischen Prozessen spricht auch die Beobachtung von Baun et al., dass die direkte Stimulation von CD6$^+$CD56^{dim} NK-Zellen über den CD6-Rezeptor weder zur Degranulierung noch zur Proliferation führte, jedoch die Sekretion immunregulatorischer Zytokine und Chemokine induzieren konnte. Die CD6-Expression könnte regulatorische NK-Zellen mit der Fähigkeit zu einer verfeinerten Abstimmung der Zytokin- und Chemokinsekretion ausstatten, welche möglicherweise die Aktivität zytotoxischer NK-Zellen sowohl direkt als auch durch Rekrutierung weiterer Immunzellen und ihrer Funktionen beeinflussen.

In Anbetracht der ähnlichen Expressionsmuster von CD6 und CD57 (und dadurch gekennzeichneten funktionellen Eigenschaften) überrascht es nicht, dass die hier gezeigte Korrelation zwischen der CD6- *oder* CD57-Expression bei CD16$^{low/neg}$ NK-Zellen und dem zytotoxischen Potential auch für CD56-CD6-doppeltpositive Zellen beobachtet wurde (Abb 5-17).

Die hier gezeigten Daten geben einen Hinweis auf die Existenz einer regulativen NK-Zell-Population, die einen direkten Einfluss auf die zytotoxische Aktivität der CD56^{dim} NK-Zellen hat. Ihre Funktion ist möglicherweise vergleichbar mit den regulatorischen T-Zellen (T-regs). Diese machen nur etwa 5-10% der CD4-T-Zellen aus, ähnlich wie die CD57$^+$CD6$^+$CD16$^{low/neg}$ NK-Zellen, die in der hier untersuchten Spendergruppe zwischen 3 und 6% der NK-Zellen ausmachen. Es wird vermutet, dass immunsuppressive T-regs entscheidend an der Begrenzung der Immunantwort auf externe Antigene und der Erhaltung der „Selbst"-Toleranz beteiligt sind (Sakaguchi 2011). Eine ähnliche Funktion bei der Prävention überschießender zytotoxischer Reaktionen sowie Sicherung der „selbst"-Toleranz zytotoxischer NK-Zellen könnten auch die postulierten regulatorischen NK-Zellen haben. Die beobachteten Zusammenhänge sollten durch die Untersuchung einer größeren Spenderzahl abgesichert werden. Ist dies möglich, könnte die weiterführende Untersuchung der funktionellen Eigenschaften von CD6$^+$/CD57$^+$ CD16$^{low/neg}$ NK-Zellen ein bedeutendes Mosaik zum Verständnis der NK-Zell-Regulation bringen.

7 Danksagungen

An erster Stelle bedanke ich mich herzlich bei Prof. Dr. Thomas H. Eiermann für die Bereitstellung eines sehr interessanten Promotionsthemas sowie alle für die Arbeit benötigten finanziellen und technischen Mittel. Vielen Dank für die geleistete fachliche Unterstützung, die nicht zuletzt den Besuch einer Reihe wissenschaftlicher Kongresse einschloss.

Vielen Dank an Herrn Prof. Dr. Christian Lohr für die Betreuung meiner Doktorarbeit seitens der Biologischen Fakultät.

Herrn Prof. Dr. Nicolaus Kröger danke ich für die anfängliche finanzielle Unterstützung und die Beteiligung an interessanten klinischen Forschungsprojekten.

Frau PD Dr. Eva Tolosa möchte ich dafür danken, dass sie mich eingebunden hat wie eine ihrer eigenen Doktorandinnen und stets ein offenes Ohr für mich hatte.

Mein Dank gilt auch Herrn Dr. Sputtek für seine wertvollen Hinweise zur Kryokonservierung sowie Prof. Dr. Rudi Wanck und Dr. Barbara Laumbacher für die Starthilfe beim Chromium-Freisetzungstest.

Den Mitarbeitern des HLA-Labors danke ich für die Unterstützung meiner Arbeit durch die Hilfe bei der Suche nach geeigneten Spendern und Durchführung zahlreicher Typisierungen.

Bei den Mädels vom Campus Forschung - Cathrin, Angelica, Anne, Isabell, Verena, Vivien, Kerstin und Ellen - möchte ich mich für die stete Bereitschaft zu praktischer Hilfe, die vielen Ratschläge und eine tolle Zeit im und außerhalb des Labors bedanken.

Mein besonderer Dank gilt meiner Familie ohne deren zuverlässige Unterstützung und bedingungslosen Rückhalt ich vielleicht nie soweit gekommen wäre.

Zu guter Letzt möchte ich mich bei Micha bedanken, der immer für mich da war, an mich geglaubt hat und mit mir durch dick und dünn gegangen ist.

8 Literaturverzeichnis

Abo, T., C. A. Miller, et al. (1984). "Characterization of human granular lymphocyte subpopulations expressing HNK-1 (Leu-7) and Leu-11 antigens in the blood and lymphoid tissues from fetuses, neonates and adults." Eur J Immunol **14**(7): 616-623.

Andersson, S., J. A. Malmberg, et al. (2010). "Tolerant and diverse natural killer cell repertoires in the absence of selection." Exp Cell Res **316**(8): 1309-1315.

Anfossi, N., P. Andre, et al. (2006). "Human NK cell education by inhibitory receptors for MHC class I." Immunity **25**(2): 331-342.

Beelen, D. W., H. D. Ottinger, et al. (2005). "Genotypic inhibitory killer immunoglobulin-like receptor ligand incompatibility enhances the long-term antileukemic effect of unmodified allogeneic hematopoietic stem cell transplantation in patients with myeloid leukemias." Blood **105**(6): 2594-2600.

Betensky, R. A., E. Connick, et al. (2000). "Shipment impairs lymphocyte proliferative responses to microbial antigens." Clin Diagn Lab Immunol **7**(5): 759-763.

Betts, M. R., J. M. Brenchley, et al. (2003). "Sensitive and viable identification of antigen-specific CD8+ T cells by a flow cytometric assay for degranulation." J Immunol Methods **281**(1-2): 65-78.

Biassoni, R., M. Falco, et al. (1995). "Amino acid substitutions can influence the natural killer (NK)-mediated recognition of HLA-C molecules. Role of serine-77 and lysine-80 in the target cell protection from lysis mediated by "group 2" or "group 1" NK clones." J Exp Med **182**(2): 605-609.

Borrego, F., M. J. Robertson, et al. (1999). "CD69 is a stimulatory receptor for natural killer cell and its cytotoxic effect is blocked by CD94 inhibitory receptor." Immunology **97**(1): 159-165.

Borrego, F., M. Ulbrecht, et al. (1998). "Recognition of human histocompatibility leukocyte antigen (HLA)-E complexed with HLA class I signal sequence-derived peptides by CD94/NKG2 confers protection from natural killer cell-mediated lysis." J Exp Med **187**(5): 813-818.

Braud, V. M., D. S. Allan, et al. (1998). "HLA-E binds to natural killer cell receptors CD94/NKG2A, B and C." Nature **391**(6669): 795-799.

Braun, M., B. Muller, et al. (2010). "The CD6 Scavenger Receptor Is Differentially Expressed on a CD56 Natural Killer Cell Subpopulation and Contributes to Natural Killer-Derived Cytokine and Chemokine Secretion." J Innate Immun.

Brenchley, J. M., N. J. Karandikar, et al. (2003). "Expression of CD57 defines replicative senescence and antigen-induced apoptotic death of CD8+ T cells." Blood **101**(7): 2711-2720.

Brodin, P., K. Karre, et al. (2009). "NK cell education: not an on-off switch but a tunable rheostat." Trends Immunol **30**(4): 143-149.

Brouwer, R. E., P. van der Heiden, et al. (2002). "Loss or downregulation of HLA class I expression at the allelic level in acute leukemia is infrequent but functionally relevant, and can be restored by interferon." Hum Immunol **63**(3): 200-210.

Brunner, K. T., J. Mauel, et al. (1968). "Quantitative assay of the lytic action of immune lymphoid cells on 51-Cr-labelled allogeneic target cells in vitro; inhibition by isoantibody and by drugs." Immunology **14**(2): 181-196.

Bryceson, Y. T., M. E. March, et al. (2005). "Cytolytic granule polarization and degranulation controlled by different receptors in resting NK cells." J Exp Med **202**(7): 1001-1012.

Byrd, A., S. C. Hoffmann, et al. (2007). "Expression analysis of the ligands for the Natural Killer cell receptors NKp30 and NKp44." PLoS One **2**(12): e1339.

Caligiuri, M. A. (2008). "Human natural killer cells." Blood **112**(3): 461-469.

Carnaud, C., D. Lee, et al. (1999). "Cutting edge: Cross-talk between cells of the innate immune system: NKT cells rapidly activate NK cells." J Immunol **163**(9): 4647-4650.

Casado, J. G., G. Pawelec, et al. (2009). "Expression of adhesion molecules and ligands for activating and costimulatory receptors involved in cell-mediated cytotoxicity in a large panel of human melanoma cell lines." Cancer Immunol Immunother **58**(9): 1517-1526.

Chan, H. W., Z. B. Kurago, et al. (2003). "DNA methylation maintains allele-specific KIR gene expression in human natural killer cells." J Exp Med **197**(2): 245-255.

Chattopadhyay, P. K., M. R. Betts, et al. (2009). "The cytolytic enzymes granzyme A, granzyme B, and perforin: expression patterns, cell distribution, and their relationship to cell maturity and bright CD57 expression." J Leukoc Biol **85**(1): 88-97.

Chauveau, A., A. Aucher, et al. (2010). "Membrane nanotubes facilitate long-distance interactions between natural killer cells and target cells." Proc Natl Acad Sci U S A **107**(12): 5545-5550.

Clausen, J., D. Wolf, et al. (2007). "Impact of natural killer cell dose and donor killer-cell immunoglobulin-like receptor (KIR) genotype on outcome following human leucocyte antigen-identical haematopoietic stem cell transplantation." Clin Exp Immunol **148**(3): 520-528.

Cognet, C., C. Farnarier, et al. (2010). "Expression of the HLA-C2-specific activating killer-cell Ig-like receptor KIR2DS1 on NK and T cells." Clin Immunol **135**(1): 26-32.

Colonna, M., G. Borsellino, et al. (1993). "HLA-C is the inhibitory ligand that determines dominant resistance to lysis by NK1- and NK2-specific natural killer cells." Proc Natl Acad Sci U S A **90**(24): 12000-12004.

Colucci, F., M. A. Caligiuri, et al. (2003). "What does it take to make a natural killer?" Nat Rev Immunol **3**(5): 413-425.

Cooley, S., E. Trachtenberg, et al. (2009). "Donors with group B KIR haplotypes improve relapse-free survival after unrelated hematopoietic cell transplantation for acute myelogenous leukemia." Blood **113**(3): 726-732.

Cooley, S., D. J. Weisdorf, et al. (2010). "Donor selection for natural killer cell receptor genes leads to superior survival after unrelated transplantation for acute myelogenous leukemia." Blood **116**(14): 2411-2419.

Cooper, M. A., T. A. Fehniger, et al. (2001). "Human natural killer cells: a unique innate immunoregulatory role for the CD56(bright) subset." Blood **97**(10): 3146-3151.

Davies, S. M., L. Ruggieri, et al. (2002). "Evaluation of KIR ligand incompatibility in mismatched unrelated donor hematopoietic transplants. Killer immunoglobulin-like receptor." Blood **100**(10): 3825-3827.

Demanet, C., A. Mulder, et al. (2004). "Down-regulation of HLA-A and HLA-Bw6, but not HLA-Bw4, allospecificities in leukemic cells: an escape mechanism from CTL and NK attack?" Blood **103**(8): 3122-3130.

Di Santo, J. P. (2006). "Natural killer cell developmental pathways: a question of balance." Annu Rev Immunol **24**: 257-286.

Diefenbach, A., J. K. Hsia, et al. (2003). "A novel ligand for the NKG2D receptor activates NK cells and macrophages and induces tumor immunity." Eur J Immunol **33**(2): 381-391.

Diefenbach, A., E. R. Jensen, et al. (2001). "Rae1 and H60 ligands of the NKG2D receptor stimulate tumour immunity." Nature **413**(6852): 165-171.

Disis, M. L., C. dela Rosa, et al. (2006). "Maximizing the retention of antigen specific lymphocyte function after cryopreservation." J Immunol Methods **308**(1-2): 13-18.

Ellis, S. A., I. L. Sargent, et al. (1986). "Evidence for a novel HLA antigen found on human extravillous trophoblast and a choriocarcinoma cell line." Immunology **59**(4): 595-601.

Enari, M., R. V. Talanian, et al. (1996). "Sequential activation of ICE-like and CPP32-like proteases during Fas-mediated apoptosis." Nature **380**(6576): 723-726.

Fadda, L., G. Borhis, et al. (2010). "Peptide antagonism as a mechanism for NK cell activation." Proc Natl Acad Sci U S A **107**(22): 10160-10165.

Fahy, G. M. (2010). "Cryoprotectant toxicity neutralization." Cryobiology **60**(3 Suppl): S45-53.

Farag, S. S., A. Bacigalupo, et al. (2006). "The effect of KIR ligand incompatibility on the outcome of unrelated donor transplantation: a report from the center for international blood and marrow transplant research, the European blood and marrow transplant registry, and the Dutch registry." Biol Blood Marrow Transplant **12**(8): 876-884.

Fauriat, C., M. A. Ivarsson, et al. (2010). "Education of human natural killer cells by activating killer cell immunoglobulin-like receptors." Blood **115**(6): 1166-1174.

Fernandez, N. C., E. Treiner, et al. (2005). "A subset of natural killer cells achieves self-tolerance without expressing inhibitory receptors specific for self-MHC molecules." Blood **105**(11): 4416-4423.

Fuchs, A., M. Cella, et al. (2005). "Paradoxic inhibition of human natural interferon-producing cells by the activating receptor NKp44." Blood **106**(6): 2076-2082.

Galy, A., M. Travis, et al. (1995). "Human T, B, natural killer, and dendritic cells arise from a common bone marrow progenitor cell subset." Immunity 3(4): 459-473.

Gerosa, F., B. Baldani-Guerra, et al. (2002). "Reciprocal activating interaction between natural killer cells and dendritic cells." J Exp Med 195(3): 327-333.

Giebel, S., F. Locatelli, et al. (2003). "Survival advantage with KIR ligand incompatibility in hematopoietic stem cell transplantation from unrelated donors." Blood 102(3): 814-819.

Guerra, N., Y. X. Tan, et al. (2008). "NKG2D-deficient mice are defective in tumor surveillance in models of spontaneous malignancy." Immunity 28(4): 571-580.

Halfteck, G. G., M. Elboim, et al. (2009). "Enhanced in vivo growth of lymphoma tumors in the absence of the NK-activating receptor NKp46/NCR1." J Immunol 182(4): 2221-2230.

Hansasuta, P., T. Dong, et al. (2004). "Recognition of HLA-A3 and HLA-A11 by KIR3DL2 is peptide-specific." Eur J Immunol 34(6): 1673-1679.

Hershkovitz, O., S. Jivov, et al. (2007). "Characterization of the recognition of tumor cells by the natural cytotoxicity receptor, NKp44." Biochemistry 46(25): 7426-7436.

Huntington, N. D., C. A. Vosshenrich, et al. (2007). "Developmental pathways that generate natural-killer-cell diversity in mice and humans." Nat Rev Immunol 7(9): 703-714.

Iversen, A. C., P. S. Norris, et al. (2005). "Human NK cells inhibit cytomegalovirus replication through a noncytolytic mechanism involving lymphotoxin-dependent induction of IFN-beta." J Immunol 175(11): 7568-7574.

Jacobs, R., G. Hintzen, et al. (2001). "CD56bright cells differ in their KIR repertoire and cytotoxic features from CD56dim NK cells." Eur J Immunol 31(10): 3121-3127.

Jamieson, A. M., A. Diefenbach, et al. (2002). "The role of the NKG2D immunoreceptor in immune cell activation and natural killing." Immunity 17(1): 19-29.

Joncker, N. T., N. C. Fernandez, et al. (2009). "NK cell responsiveness is tuned commensurate with the number of inhibitory receptors for self-MHC class I: the rheostat model." J Immunol 182(8): 4572-4580.

Karre, K. (2008). "Natural killer cell recognition of missing self." Nat Immunol 9(5): 477-480.

Kavan, D., M. Kubickova, et al. (2010). "Cooperation between subunits is essential for high-affinity binding of N-acetyl-D-hexosamines to dimeric soluble and dimeric cellular forms of human CD69." Biochemistry 49(19): 4060-4067.

Kawase, T., K. Matsuo, et al. (2009). "HLA mismatch combinations associated with decreased risk of relapse: implications for the molecular mechanism." Blood 113(12): 2851-2858.

Kiessling, R., E. Klein, et al. (1975). ""Natural" killer cells in the mouse. I. Cytotoxic cells with specificity for mouse Moloney leukemia cells. Specificity and distribution according to genotype." Eur J Immunol 5(2): 112-117.

Kim, S., J. Poursine-Laurent, et al. (2005). "Licensing of natural killer cells by host major histocompatibility complex class I molecules." Nature 436(7051): 709-713.

Kim, S., J. B. Sunwoo, et al. (2008). "HLA alleles determine differences in human natural killer cell responsiveness and potency." Proc Natl Acad Sci U S A 105(8): 3053-3058.

Kovats, S., E. K. Main, et al. (1990). "A class I antigen, HLA-G, expressed in human trophoblasts." Science 248(4952): 220-223.

Kroger, N., T. Binder, et al. (2006). "Low number of donor activating killer immunoglobulin-like receptors (KIR) genes but not KIR-ligand mismatch prevents relapse and improves disease-free survival in leukemia patients after in vivo T-cell depleted unrelated stem cell transplantation." Transplantation 82(8): 1024-1030.

Kumar, V., J. Ben-Ezra, et al. (1979). "Natural killer cells in mice treated with 89strontium: normal target-binding cell numbers but inability to kill even after interferon administration." J Immunol 123(4): 1832-1838.

Lanier, L. L. (1998). "NK cell receptors." Annu Rev Immunol 16: 359-393.

Lanier, L. L., D. W. Buck, et al. (1988). "Interleukin 2 activation of natural killer cells rapidly induces the expression and phosphorylation of the Leu-23 activation antigen." J Exp Med 167(5): 1572-1585.

Lanier, L. L., B. Corliss, et al. (1997). "Arousal and inhibition of human NK cells." Immunol Rev 155: 145-154.

Lanier, L. L., A. M. Le, et al. (1986). "The relationship of CD16 (Leu-11) and Leu-19 (NKH-1) antigen expression on human peripheral blood NK cells and cytotoxic T lymphocytes." J Immunol **136**(12): 4480-4486.

Lee, N., D. R. Goodlett, et al. (1998). "HLA-E surface expression depends on binding of TAP-dependent peptides derived from certain HLA class I signal sequences." J Immunol **160**(10): 4951-4960.

Leiden, J. M., B. A. Karpinski, et al. (1989). "Susceptibility to natural killer cell-mediated cytolysis is independent of the level of target cell class I HLA expression." J Immunol **142**(6): 2140-2147.

Leung, W., R. Iyengar, et al. (2004). "Determinants of antileukemia effects of allogeneic NK cells." J Immunol **172**(1): 644-650.

Litwin, V., J. Gumperz, et al. (1993). "Specificity of HLA class I antigen recognition by human NK clones: evidence for clonal heterogeneity, protection by self and non-self alleles, and influence of the target cell type." J Exp Med **178**(4): 1321-1336.

Ljunggren, H. G. and K. Karre (1990). "In search of the 'missing self': MHC molecules and NK cell recognition." Immunol Today **11**(7): 237-244.

Lopez-Verges, S., J. M. Milush, et al. (2010). "CD57 defines a functionally distinct population of mature NK cells in the human CD56dimCD16+ NK-cell subset." Blood **116**(19): 3865-3874.

Marti, F., A. Miralles, et al. (1993). "Differential effect of cryopreservation on natural killer cell and lymphokine-activated killer cell activities." Transfusion **33**(8): 651-655.

Martin-Fontecha, A., L. L. Thomsen, et al. (2004). "Induced recruitment of NK cells to lymph nodes provides IFN-gamma for T(H)1 priming." Nat Immunol **5**(12): 1260-1265.

McQueen, K. L., K. M. Dorighi, et al. (2007). "Donor-recipient combinations of group A and B KIR haplotypes and HLA class I ligand affect the outcome of HLA-matched, sibling donor hematopoietic cell transplantation." Hum Immunol **68**(5): 309-323.

Miller, J. S., K. A. Alley, et al. (1994). "Differentiation of natural killer (NK) cells from human primitive marrow progenitors in a stroma-based long-term culture system: identification of a CD34+7+ NK progenitor." Blood **83**(9): 2594-2601.

Morandi, B., G. Bougras, et al. (2006). "NK cells of human secondary lymphoid tissues enhance T cell polarization via IFN-gamma secretion." Eur J Immunol **36**(9): 2394-2400.

Moretta, A., A. Poggi, et al. (1991). "CD69-mediated pathway of lymphocyte activation: anti-CD69 monoclonal antibodies trigger the cytolytic activity of different lymphoid effector cells with the exception of cytolytic T lymphocytes expressing T cell receptor alpha/beta." J Exp Med **174**(6): 1393-1398.

Nair, P., R. Melarkode, et al. (2010). "CD6 synergistic co-stimulation promoting proinflammatory response is modulated without interfering with the activated leucocyte cell adhesion molecule interaction." Clin Exp Immunol **162**(1): 116-130.

Nowbakht, P., M. C. Ionescu, et al. (2005). "Ligands for natural killer cell-activating receptors are expressed upon the maturation of normal myelomonocytic cells but at low levels in acute myeloid leukemias." Blood **105**(9): 3615-3622.

Olcese, L., A. Cambiaggi, et al. (1997). "Human killer cell activatory receptors for MHC class I molecules are included in a multimeric complex expressed by natural killer cells." J Immunol **158**(11): 5083-5086.

Orange, J. S. (2006). "Human natural killer cell deficiencies." Curr Opin Allergy Clin Immunol **6**(6): 399-409.

Parham, P. (2005). "MHC class I molecules and KIRs in human history, health and survival." Nat Rev Immunol **5**(3): 201-214.

Pegg, D. E. (2007). "Principles of cryopreservation." Methods Mol Biol **368**: 39-57.

Pegram, H. J., D. M. Andrews, et al. (2011). "Activating and inhibitory receptors of natural killer cells." Immunol Cell Biol **89**(2): 216-224.

Pegram, H. J., D. S. Ritchie, et al. (2011). "Alloreactive natural killer cells in hematopoietic stem cell transplantation." Leuk Res **35**(1): 14-21.

Pende, D., S. Parolini, et al. (1999). "Identification and molecular characterization of NKp30, a novel triggering receptor involved in natural cytotoxicity mediated by human natural killer cells." J Exp Med **190**(10): 1505-1516.

Pessino, A., S. Sivori, et al. (1998). "Molecular cloning of NKp46: a novel member of the immunoglobulin superfamily involved in triggering of natural cytotoxicity." J Exp Med **188**(5): 953-960.

Rajagopalan, S., Y. T. Bryceson, et al. (2006). "Activation of NK cells by an endocytosed receptor for soluble HLA-G." PLoS Biol **4**(1): e9.

Raulet, D. H. (2003). "Roles of the NKG2D immunoreceptor and its ligands." Nat Rev Immunol **3**(10): 781-790.

Raulet, D. H. and R. E. Vance (2006). "Self-tolerance of natural killer cells." Nat Rev Immunol **6**(7): 520-531.

Rowley, S. D. and G. L. Anderson (1993). "Effect of DMSO exposure without cryopreservation on hematopoietic progenitor cells." Bone Marrow Transplant **11**(5): 389-393.

Rubnitz, J. E., H. Inaba, et al. (2010). "NKAML: a pilot study to determine the safety and feasibility of haploidentical natural killer cell transplantation in childhood acute myeloid leukemia." J Clin Oncol **28**(6): 955-959.

Ruggeri, A., F. Ciceri, et al. (2010). "Alternative donors hematopoietic stem cells transplantation for adults with acute myeloid leukemia: Umbilical cord blood or haploidentical donors?" Best Pract Res Clin Haematol **23**(2): 207-216.

Ruggeri, L., M. Capanni, et al. (2002). "Effectiveness of donor natural killer cell alloreactivity in mismatched hematopoietic transplants." Science **295**(5562): 2097-2100.

Ruggeri, L., A. Mancusi, et al. (2007). "Donor natural killer cell allorecognition of missing self in haploidentical hematopoietic transplantation for acute myeloid leukemia: challenging its predictive value." Blood **110**(1): 433-440.

Sakaguchi, S. (2011). "Regulatory T cells: history and perspective." Methods Mol Biol **707**: 3-17.

Savani, B. N., K. Rezvani, et al. (2006). "Factors associated with early molecular remission after T cell-depleted allogeneic stem cell transplantation for chronic myelogenous leukemia." Blood **107**(4): 1688-1695.

Smits, E. L., C. Lee, et al. (2011). "Clinical evaluation of cellular immunotherapy in acute myeloid leukaemia." Cancer Immunol Immunother.

Smyth, M. J., D. I. Godfrey, et al. (2001). "A fresh look at tumor immunosurveillance and immunotherapy." Nat Immunol **2**(4): 293-299.

Smyth, M. J., J. M. Kelly, et al. (2001). "Unlocking the secrets of cytotoxic granule proteins." J Leukoc Biol **70**(1): 18-29.

Sputtek, A. (1991). Cryopreservation of red blood cells, platelets, lymphocytes, and stem cells. Boca Raton, CRC Press.

Stewart, C. A., F. Laugier-Anfossi, et al. (2005). "Recognition of peptide-MHC class I complexes by activating killer immunoglobulin-like receptors." Proc Natl Acad Sci U S A **102**(37): 13224-13229.

Strowig, T., F. Brilot, et al. (2008). "Noncytotoxic functions of NK cells: direct pathogen restriction and assistance to adaptive immunity." J Immunol **180**(12): 7785-7791.

Sun, J. C., J. N. Beilke, et al. (2010). "Immune memory redefined: characterizing the longevity of natural killer cells." Immunol Rev **236**: 83-94.

Tarazona, R., O. DelaRosa, et al. (2000). "Increased expression of NK cell markers on T lymphocytes in aging and chronic activation of the immune system reflects the accumulation of effector/senescent T cells." Mech Ageing Dev **121**(1-3): 77-88.

Ter Meer, D. (2007). Die Rolle humaner NK-Zellen für die Eradikation von Leukämien in der HLA-haploidentischen Knochenmark- und Stammzelltransplantation. Fakultät für Biologie. München, Ludwig-Maximilians-Universität. **Dr. rer. nat.:** 223.

Testi, R., D. D'Ambrosio, et al. (1994). "The CD69 receptor: a multipurpose cell-surface trigger for hematopoietic cells." Immunol Today **15**(10): 479-483.

Tilden, A. B., C. E. Grossi, et al. (1986). "Subpopulation analysis of human granular lymphocytes: associations with age, gender and cytotoxic activity." Nat Immun Cell Growth Regul **5**(2): 90-99.

Trapani, J. A. and M. J. Smyth (2002). "Functional significance of the perforin/granzyme cell death pathway." Nat Rev Immunol **2**(10): 735-747.

Uhrberg, M., P. Parham, et al. (2002). "Definition of gene content for nine common group B haplotypes of the Caucasoid population: KIR haplotypes contain between seven and eleven KIR genes." Immunogenetics **54**(4): 221-229.

Vales-Gomez, M., R. A. Erskine, et al. (2001). "The role of zinc in the binding of killer cell Ig-like receptors to class I MHC proteins." Proc Natl Acad Sci U S A **98**(4): 1734-1739.

Valiante, N. M., M. Uhrberg, et al. (1997). "Functionally and structurally distinct NK cell receptor repertoires in the peripheral blood of two human donors." Immunity **7**(6): 739-751.

Vitale, M., M. Falco, et al. (2001). "Identification of NKp80, a novel triggering molecule expressed by human NK cells." Eur J Immunol **31**(1): 233-242.

Vivier, E., D. H. Raulet, et al. (2011). "Innate or adaptive immunity? The example of natural killer cells." Science **331**(6013): 44-49.

Wagtmann, N., R. Biassoni, et al. (1995). "Molecular clones of the p58 NK cell receptor reveal immunoglobulin-related molecules with diversity in both the extra- and intracellular domains." Immunity **2**(5): 439-449.

Wagtmann, N., S. Rajagopalan, et al. (1995). "Killer cell inhibitory receptors specific for HLA-C and HLA-B identified by direct binding and by functional transfer." Immunity **3**(6): 801-809.

Willemze, R., C. A. Rodrigues, et al. (2009). "KIR-ligand incompatibility in the graft-versus-host direction improves outcomes after umbilical cord blood transplantation for acute leukemia." Leukemia **23**(3): 492-500.

Witt, C. S. (2009). "The influence of NK alloreactivity on matched unrelated donor and HLA identical sibling haematopoietic stem cell transplantation." Curr Opin Immunol **21**(5): 531-537.

Yokoyama, W. M. and S. Kim (2006). "How do natural killer cells find self to achieve tolerance?" Immunity **24**(3): 249-257.

Yokoyama, W. M. and S. Kim (2006). "Licensing of natural killer cells by self-major histocompatibility complex class I." Immunol Rev **214**: 143-154.

Yokoyama, W. M., S. Kim, et al. (2004). "The dynamic life of natural killer cells." Annu Rev Immunol **22**: 405-429.

Yu, J., H. C. Mao, et al. (2010). "CD94 surface density identifies a functional intermediary between the CD56bright and CD56dim human NK-cell subsets." Blood **115**(2): 274-281.

Zilka, A., G. Landau, et al. (2005). "Characterization of the heparin/heparan sulfate binding site of the natural cytotoxicity receptor NKp46." Biochemistry **44**(44): 14477-14485.

Zimmerman, A. W., B. Joosten, et al. (2006). "Long-term engagement of CD6 and ALCAM is essential for T-cell proliferation induced by dendritic cells." Blood **107**(8): 3212-3220.

9 Anhang

Zu Kapitel 4.2.4 KIR-Typisierung „SSP"

invitrogen — Gel Documentation Form — KIR Genotyping SSP Kit

Invitrogen Corporation
Tele: 800.955.6288
Fax: 800.331.2286
www.invitrogen.com

Name: BC 44 Sample I.D.: _____ Date: 1.3.'10

Institution: _____ Lot: 003 Batch: _____ Exp. Date: _____

Tested By: _____ Tray Identification Number: KIR 003 535494 Exp. 2010-10

Gel Picture

Well location	A1	B1	C1	D1	E1	F1	G1	H1	A2	B2	C2	D2	E2	F2	G2	H2	A3	B3	C3	D3	E3	F3	G3	H3
Lane number	1	2	3	4	5	6	7	8	M	9	10	11	12	13	14	15	16	17	18	19	20	21	22	
Size (bp)	145	145	510	230	257	1753	1893	1772		100	207	162	215	200	160	129	150	203	170	171	975	975	344	

Test 1

Typing Result (Check genes present)

2DL1 ☐ 2DL2 ☐ 2DL3 ☐ 2DL4 ☐ 2DL5A ☐ 2DL5B ☐ 2DS1 ☐ 2DS2 ☐ 2DS3 ☐ 2DS4*001/002 ☐ 2DS4*003-007 ☐ 2DS5 ☐ 3DL1 ☐ 3DL2 ☐ 3DL3 ☐ 3DS1 ☐ 2DP1 ☐ 3DP1*001/002/004 ☐ 3DP1*003 ☐

Typing Result +/-	Allele Specificity	1	2	3	4	5	6	7	8	9	10	11	12	13	14	15	16	17	18	19	20	21
	2DL1*001/002/00301-00303/0040101/0040102/005/006	1																				
	2DL2*001-005		2																			
	2DL3*001-006			3																		
	2DL4*00101/00102/0010301/0010302/00104/00105/00201/00202/003-005/00601/00602/007/0080101-0080103/0080201/0080202/009-011				4																	
	2DL5A*001/005					5	6															
	2DL5B*002/004/007					5		7	8													
	2DL5B*003/006					5			8													
	2DS1*001-004									9												
	2DS2*00101/00102/00103/002-005										10											
	2DS3*00101-00103/002											11										
	2DS4*0010101-0010103/00102/002												12									
	2DS4*003/004/006/007													13								
	2DS5*001-005														14							
	3DL1*00101/00102/002/00401/00402/00501/006-009/01501/01502/016-020															15						
	3DL2*001-008/00901/00902/010-016																16					
	3DL3*001/00201-00205/003/00401/00402/005/00601/007/00801/00802/009/010/01101/012/01301/01401																	17				
	3DS1*010/01301/01302/014																		18			
	2DP1*00101/00102																			19		
	3DP1*001/002/004 (975bp)																				20	21
	3DP1*00301/00302 (344bp)																				20	
	Product Size (bp)	145	145	510	230	257	1893	1772		100	207	162	215	200	160	129	150	203	170	171	344/975	975
	Lane Number	1	2	3	4	5	6	7	8	9	10	11	12	13	14	15	16	17	18	19	20	21
	Failed Controls																					
	False Positive																					
	False Negative																					

Daten der in Abb 5-2 verwendeten Spender

Spender	HLA-A		HLA-B		HLA-Cw		Bw4	C1	C2	Alter
1	02	24	07	40	03	07	+	+	-	27
2	03	24	14	44	05	08	+	+	+	32
3	23	24	44	44	04	05	+	-	+	41
4	24	68	08	53	04	07	+	+	+	46
5	11	24	55	39	03	07	+	+	-	35
6	03	26	35	38	04	12	+	+	+	25
7	?	?	?	?	?	?	?	?	?	31
8	?	?	?	?	?	?	?	?	?	34
9	?	?	?	?	?	?	?	?	?	60

Daten der in Abb 5-5 verwendeten Spender

Spender	HLA-A		HLA-B		HLA-Cw		Bw4	C1	C2	Alter
VB-I	32	32	07	13	06	07	+	+	+	25
VB-A	02	24	07	40	03	07	+	+	-	27
BCx1	?	?	?	?	?	?	?	?	?	60
BCx3	01	28	08	27	02	07		+	+	52
BCx4	?	?	?	?	?	?	?	?	?	34
BCx5	01	02	08	27	?	?		?	?	63

i want morebooks!

Buy your books fast and straightforward online - at one of world's fastest growing online book stores! Environmentally sound due to Print-on-Demand technologies.

Buy your books online at
www.get-morebooks.com

Kaufen Sie Ihre Bücher schnell und unkompliziert online – auf einer der am schnellsten wachsenden Buchhandelsplattformen weltweit! Dank Print-On-Demand umwelt- und ressourcenschonend produziert.

Bücher schneller online kaufen
www.morebooks.de

VDM Verlagsservicegesellschaft mbH
Heinrich-Böcking-Str. 6-8   Telefon: +49 681 3720 174   info@vdm-vsg.de
D - 66121 Saarbrücken   Telefax: +49 681 3720 1749   www.vdm-vsg.de

Printed by Books on Demand GmbH, Norderstedt / Germany